普通高等教育测控技术与仪器专业系列教材

测控技术与仪器专业导论

主编　王庆有
参编　刘　伟　王　伟　张彦陟　周著学

机 械 工 业 出 版 社

本书是为测控技术与仪器专业新生编写的教材，用最简洁、最易接受的语言和图片介绍了综合测量与控制，涵盖光、机、电和算等综合技术，又涉及仪器仪表行业的专业内容；介绍了该专业在国民经济与国防建设中的地位，并介绍了专业知识体系和课程体系，使学生能够了解本科阶段专业教学环节，做好学习规划。

全书通俗易懂，用实例说明专业知识，解释难懂的技术术语，紧跟科技发展大背景，展望专业发展趋势，进而激发学生的学习动力，从基础开始培养学生动手动脑的习惯，符合应用技术型教材的要求。

本书适用面广，可作为测控技术与仪器专业的本科导论课程教材，也可作为其他专业对测控技术与仪器感兴趣的学生与教师扩展专业导论知识的参考书，还可作为从事测控技术与仪器方面管理人员的参考书。

图书在版编目（CIP）数据

测控技术与仪器专业导论/王庆有主编. —北京：机械工业出版社，2015.6（2024.6重印）

普通高等教育测控技术与仪器专业系列教材

ISBN 978-7-111-49935-0

Ⅰ.①测…　Ⅱ.①王…　Ⅲ.①测量系统—控制系统—高等学校—教材②电子测量设备—高等学校—教材　Ⅳ.①TM93

中国版本图书馆CIP数据核字（2015）第073912号

机械工业出版社（北京市百万庄大街22号　邮政编码100037）
策划编辑：刘丽敏　责任编辑：刘丽敏
责任校对：丁丽丽　封面设计：张　静
责任印制：郜　敏
北京富资园科技发展有限公司印刷
2024年6月第1版第9次印刷
184mm×260mm · 9.5印张 · 229千字
标准书号：ISBN 978-7-111-49935-0
定价：29.00元

电话服务	网络服务
客服电话：010-88361066	机　工　官　网：www.cmpbook.com
010-88379833	机　工　官　博：weibo.com/cmp1952
010-68326294	金　　书　　网：www.golden-book.com
封底无防伪标均为盗版	机工教育服务网：www.cmpedu.com

前　言

满怀憧憬与期望的大学新生迫切希望了解自己所选专业的性质、内容、知识面和它在社会中的地位。随着人生最美好时光的到来，同学们都期望学习到终身受益的知识，使自己成长为祖国社会主义建设的栋梁之才。为了尽早让学生能够对所选专业有全面而深入的认识，激发学生的学习兴趣，树立学习目标，尽快地适应大学阶段的学习生活，制订出适合自身发展的学习规划，为大学阶段的学习生活开创良好的开端，我们编写了本书，详细介绍测控技术与仪器专业的主干学科、基础理论、知识体系、相关企业、发展方向与就业、创业等相关内容。

测控技术与仪器专业属于多学科融合，技术交叉，知识面宽，涉及光、机、电、测量与控制基础理论，仪器仪表技术、计算机技术、网络通信技术与信息技术等多学科技术知识，内容非常丰富。本书作为高校第一学期开设“测控技术与仪器专业导论”课程的参考教材，意在能够用深入浅出的方式为测控技术与仪器专业拉开“序幕”。

本书尽量用简单易懂的词语介绍专业内容而规避高深理论与公式推导。本书共设9章，第1章为绪论，介绍开设导论课的目的、意义，导论课的性质、基础理论课的重要性与专业课的学习方法；第2章为专业概述，介绍测控技术与仪器专业发展史，专业定位，专业的学科定位，测控技术的核心概念，测控技术与仪器的基本概念和在各个行业中的应用；第3章与第4章分别讨论测量与控制技术，是测控技术与仪器的基础；第5章讨论各种类型的企业与测控技术的关系，扩展学生对测控技术与仪器专业的理解；第6章为计量标准概述，是测控技术与仪器专业学生必须掌握的知识，是提高产品质量的关键；第7章为测控技术发展概述，测控技术在高速度、高精度、非接触与遥感遥测领域发展的现状与前景；第8章为测控技术与仪器专业知识体系与课程体系的介绍，使学生对学科体系洞若观火，以便帮助学生制订专业发展规划；第9章讨论就业、创业与考研深造问题，指明测控技术与仪器专业的良好职业发展前景。

本书由王庆有教授担任主编并负责第1章、第2章和第9章的编写，周著学负责第3章的编写，刘伟负责第4章第5章的编写，王伟负责第6章第7章的编写，张彦陟负责第8章的编写。

测控技术与仪器发展迅速，应用领域极其广泛，编写中编者作出很大努力，使内容尽可能反映最新的实用测控技术与更多的仪器设备，力求紧跟专业发展方向，使学生理解测控技术与仪器专业的内容，了解测控技术与仪器专业的学生所学习的知识在国民经济与国防建设中的重要地位。激发学生学习积极性与主动性。

本书在每个章节的结尾处都精心地设置了一些思考题，用来帮助学生理解和消化文中内容，有些是对整章内容的总结与拓展，希望学生认真学习、思考，理解和掌握书本内容。

本书旨在使学生对专业内容深入理解，学习一些前瞻性的知识，做到心中有数、充满期待。本书是衔接中学和大学本科专业教育的重要纽带，学习过程中要结合中学阶段所学的知识，基于对本书的阅读和对思考题的解答，逐步探索出大学阶段的学习方法。

本书是在完成福建省省级教育改革项目“测控技术与仪器专业综合改革试点”过程中走访了多家企业，依据企业对人才的需求，对本专业人才培养方案进行了修订，尽量向应用技术型倾斜，课程设置、教学模式和教学方法也做了相应的修改，综合、总结其他学校和教育部教学指导委员会的指导意见编写的。在此非常感谢福建省“测控技术与仪器专业综合改革试点”项目、省内各相关企业领导和闽南理工学院各级领导的帮助和支持。

由于编写时间仓促，书中难免有不足或者错误之处，望读者批评指正。欢迎教学第一线的教师提出宝贵意见，以便改进。

编　者

目　　录

第1章　绪　　论

测控技术与仪器专业是本科仪器类的唯一专业，主要研究利用各种仪器仪表完成力学、光学、电学、磁学、热学和原子物理等物理量与主观量的检测，利用检测数据控制量的变化，使其向人们需要的方向发展或使其控制在一定的范围内。内容非常丰富，例如加工一个阶梯轴，需要机床按着事先确定的程序从毛坯料开始车削，车削过程需要不断的检测是否符合图样要求，不足则继续车削，满足公差带的要求，就要停止加工，进入下一工序的切削操作。可见，测与控是不可分割的技术环节。

仪器或仪表是利用力学、光学、电学、磁学、热学和原子物理等学科的原理、定律（或规律）研制的，同时它们又用于检测上述学科所产生的各种现象，例如位移、运动速度、加速度、发光强度、光照度、电流、电压、电功率、磁场强度和温度等参数。显然，仪器仪表的服务面非常之宽。任何与测量相关的企业与行业都离不开仪器仪表的服务。因此说测控技术与仪器专业的发展关系到国防与国民经济各个部门。

仪器仪表的研究肩负着为先进制造业、农业、商业、能源、环保、航空、航天、国防科技等部门培养人才的重任，观察、检测、测量、计算、记录自然现象，实施人为干涉、干预，使之向有利于人类生活方向发展。测控技术与仪器专业对国家安全、国民经济发展和人类文明起到至关重要的作用。

为了国家安全，必须发展国防科技，“落后就要挨打”是颠簸不破的真理。掌握先进的武器是保卫祖国、制止战争的利器。而先进武器的研制过程离不开测控技术与仪器专业人才的辛勤工作。

1.1　专业导论的意义

怎样让刚踏入大学校门的学生了解“测控技术及仪器”专业的确切含义？它需要学习哪些基础知识？学习哪些专业课？掌握哪些技能？大学4年能够学习到哪些知识？将来能够从事哪些行业？从事怎样的工作？就业前景如何？在国民经济和国防建设中能够发挥的作用和价值又是如何？这一系列问题都需要通过学习《测控技术及仪器专业导论》得到基本的解答，导论课将针对这些实际问题逐一展开讨论，给出理想的答案。让刚刚进入大学校门的学生了解大学教育，了解大学与中学的差异，更快、更早地适应大学学习与生活的氛围，勾画出大学期间的学习、生活与发展的蓝图。

让导论课成为整个大学学习的序幕，序幕拉开，美好、壮丽、内容丰富的大学生活将从此开始，人生最美好的时光从此到来。

1.1.1　专业导论的目的

专业是高等学校根据社会分工需要而划分的学科门类。教育部高等教育司于2012年9月正式颁布实施《普通高等学校本科专业目录（2012）》中列出13个学科门类，每个门类中包含了多个专业，例如第8学科门类为工学（08）包含0801～0831共31类专业，测控技术与仪器为0803仪器类中的唯一的专业，代码为080301。

随着社会的发展、科技的进步，学科门类也在适应科技发展过程中不断的分离、整合、调整与发展。每个专业都有自己的历史渊源，有自己描述问题和研究问题的词汇和方法。专业导论的一个任务是介绍专业衍生发展的过程，帮助学生理解所学专业的发展规律，充分认识专业的社会价值与专业的成长、发展的历史。认识历史才能展望其未来发展。

专业导论的另一个任务是帮助学生认识大学的生活、学习与发展，尽快地从初等教育模式上升到高等教育阶段，掌握高等教育阶段的学习、思维与处事方法，尽快适应高等学校中集体生活、独立思考、认真研究和抓住发展机遇的基本能力。

1.1.2 专业导论的性质

专业导论是将本学科专业做整体概述性的介绍，使学生认识专业的培养目标、所学课程、课程内容的衔接、课程之间的相关性和每门课程对完成培养目标的贡献。理解实施的教学计划、教学各环节安排的意义，帮助学生理解每门课程，以便更好地将自己培养成专业需要的人才，成为合格的毕业生，成为对国家有益的人才。

专业导论的另外性质是对专业进行全面的介绍。测控技术与仪器内容广博、知识领域宽，系统性强。专业导论课对专业内容介绍的原则如下：

1）尽量以通俗易懂方式给出专业所涉及的最基本原理和核心概念。重点介绍主干学科与主干课程的内容，帮助学生了解时代发展的特征，适应测控技术突飞猛进发展的形势，理解专业的前沿技术。

2）专业所需的高深数理知识、理论与基本技术的描述采用简单扼要的方式，只要求学生“知其然”，把“所以然”的问题留在后续课中解决，仅起到“序幕”的作用。

3）尽量引导学生思索、提问，设定相关问题展开主题讨论，不求彻底解决，但求增强师生沟通的路径。

4）强化素质培养、能力培养，让学生在大学开始阶段就认识到多学科交叉是现代科技发展的总趋势，需要树立“终身学习”的思想，明白打好坚实的理论基础才能紧跟技术创新发展的道理，大一是学习基础理论阶段，是大学学习的重要时期，要抓好大一的课程学习。

1.2 高等院校

高等院校指按照国家规定的标准和审批程序批准创办的高等学校，高校学生需要通过普通、成人高等学校全国统一招生考试，经各省教委招生办批准录取。普通高校以普通高中毕业生为主要培养对象，实施高等教育的全日制大学、民办院校、独立学院和职业技术学院，另外还包括高等专科学校、广播电视大学、职工大学、业余大学、职工医学院、管理干部学院、教育学院、普通高校的成人（继续）教育学院等大专类学校。

1.2.1 学会生活

刚刚跨入高等院校大门遇到的第一个问题是生活问题。进入高校，焕然一新，集体生活、独立自主，不再每天得到父母的呵护与管教。需要在集体大环境中料理好个人的日常生活，在班级集体大家庭中过好集体生活。

大学期间是将来就业、深造学习和创业发展的重要准备阶段。需要对下面四个基本素质进行培养与锻炼。

1. 道德品质基本素质

树立正确的人生观、价值观；应该坚持社会主义核心价值观。社会主义核心价值观共有24个字，即：富强、民主、文明、和谐，自由、平等、公正、法治，爱国、敬业、诚信、友善。其中“富强、民主、文明、和谐”是从国家层面要求的价值目标；“自由、平等、公正、法治”是社会层面的价值取向；“爱国、敬业、诚信、友善”是公民个人层面的价值准则。这个概括，实际上回答了我们要建设什么样的国家、建设什么样的社会、培育什么样的公民的重大问题。

“爱国、敬业、诚信、友善”是每个人都要做到的，生活在我们伟大的祖国，她生你，养你，哺育你，你不热爱她是没有任何道理可讲的，就应该像爱母亲那样热爱祖国。

爱岗敬业是公民的美德，也只有爱岗敬业的人才能够在平凡的岗位上有所造就，做出可歌可泣的事业。

“诚信、友善”，以诚相待，友好为人才能处理好人与人的关系，坚持“诚信、友善”才能团结大多数，才能办成大事。

习近平总书记在2014年9月9日第30个教师节前夕同北京师范大学师生代表座谈时讲道：“学生时代是人一生最美好的时光，长身体、长知识、长才干，每天都有新收获，每天都有新期待。我希望在座的同学们，也希望全国2.6亿在校学生，珍惜学习时光，多学知识，多学道理，多学本领，热爱劳动，身心健康，茁壮成长。”多么精辟，多么全面的概括，需要我们认真体会。

2. 文化素质

应努力做到博览群书，提高自己科学、文化、自然、历史、地理等方面的基本素养。文化素质是学会生活的关键问题，有文化素质的人做事与素质低的人是不同的，个人的表现无时无刻地反映他的素质。

例如，乱刻乱画的学生暴露了素质的低下，在大庭广众之下大声喧哗能够说他素质高吗？而爱护公物，人走灯熄，见长流水主动关闭，乐于助人的人表现出素质的高尚。素质高尚的人处处受到称赞，文化素质低下的人不可能受人尊重。

3. 健康体魄

身体是工作、学习的重要承载者，理想需要良好的体魄作为保障才能实现。因此，抓紧一切可以利用的时间锻炼身体，参加各项体育项目，遵守作息时间，合理安排工作、学习和活动的时间显得非常重要。

人是大自然的产物，人体的生物规律与自然规律有着内在联系，人体依据自然规律形成的生物作息与运转规律也称“生物钟”。生物钟的正常运转是人体健康、长寿、益智、欢愉、增美的保证。我们也要按照自然规律生活、工作与学习。

人体各个器官有其工作时段或称为“程序”，例如，晚上21~23点为免疫系统（淋巴）的排毒时间，此段时间应安静，完成入睡前的准备。晚间23点~次日凌晨3点为肝脏的最佳排毒时段，人在熟睡中肝脏很好地完成排毒工作，为了保护肝脏，应在22点进入深度睡眠状态。凌晨1~3点为胆的排毒时段，熟睡能够确保胆囊顺利排毒。凌晨3~5点为肺的排毒时段，清晨咳嗽是肺排毒的表现，并不可怕。凌晨 5 ~ 7 点为大肠的排毒时段，上厕所排便，帮助大肠完成排毒任务，当然到了应该起床的时间，做好新的一天生活、工作的准备。所谓“早睡早起身体好”的道理就在于此。养成良好的生活习惯，是身体健康的重要保障。

一些违背自然规律的学生，夜里不睡，精神昂奋，上网、聊天、看电影，他的肝、胆不能顺利完成排毒工作，人体得不到良好的休息；早晨睡懒觉，大肠不能及时排毒，急急忙忙起床，顾不得吃早餐就得拖着疲惫的身躯去上课，疲惫、困倦的身体怎样能提供认真听课的保障？坚持不了多久，趴在桌上昏睡，既耽误学习，又因违背自然规律使人体器官受到损害，久而久之将遭受自然的惩罚。因此一定要注意天人合一，与自然和谐相处，确保健康的体魄。白天要以充足的精神投入学习，认真听取老师的讲解，课后认真看书、学习；到了夜晚应该按时休息、睡觉，让我们肌体各个器官按时休息或完成排毒工作。有良好的身体，才能保障学习、工作顺利完成，为今后报效祖国准备好健壮的身体。

1.2.2 学会学习

科学的学习方法将使人的才能得到充分的发挥，并能带来高效率和乐趣。宋朝思想家朱熹说过：“无一人不学、无一事不学、无一时不学、无一处不学”。这是用功的人生学习态度。

有一句话说，“站在别人的肩膀，可以看得更远”，就充分说明善用别人的长处与资源，善于读懂别人的思想，更有利于自己的成长。

学习是人类认识自然和社会、不断完善和发展自我的必由之路。无论是一个人、一个团体，还是一个企业、一个民族，只有不断学习，才能获得新知，增长才干，跟上时代。我党一再强调的“形成全民学习、终身学习的学习型社会，促进人的全面发展”，就是从深度和广度上对学习提出了新的更高的要求。

学习有“主动”与“被动”之分。主动学习，是把学习当作发自内心的、反映个体需要的活动；被动学习，则把学习当作一项外来的、受迫的不得不接受的活动。

主动学习的习惯，本质上是视学习为自己的迫切需要和愿望，坚持不懈地进行自主学习、自我评价、自我监督，必要的时候进行适当的自我调节，使学习效率更高、效果更好。

主动学习主要包括七个方面的内涵。

1）把学习看成自己的事，体现在希望学习好每个细节，尽量不需要别人的提醒，做好自我管理。当然，不是每个人都是天生“爱”学习的，需要培养主动学习的习惯，有时也需要别人的提醒和帮助。

2）对学习有如饥似渴的需要，随时随地，只要有一点时间就用来学习。鲁迅说，他只是把别人喝咖啡的时间用在了读书上。他还说，时间就像海绵里的水，只要愿意挤总会有的。事实上，一个人如果养成了主动学习的习惯，就永远不会抱怨时间不够用，因为随时随地，只要有空闲，他首先想到的事情总会是学习，能够把零散的时间都利用起来。

3）对自己的学习及时做出有效的评价。在学习过程中，不仅学习水平在不断提升，兴趣与爱好也在不断地改变，应及时准确地思索、评价和调整，确保学习质量和进度的提高，使学习效果更好。

4）主动学习能够不断调节自己的学习行为，适应不同的环境和需要。很多时候身边的环境并不能由自己决定，环境发生变化的时候，是抱怨还是想办法适应很重要，把精力放在抱怨上不如放在想办法适应上。能够适应各种不同的环境，是主动学习的表现，也是锻炼多种能力和丰富人格力量的机会。

5）主动学习要坚持，尤其是遇到困难的时候更应该想到坚持不懈的意义。能够打好“顺风球”，不能打“逆风球”的球队不能成为好球队，学习也是这样，能够在遇到困难的时候想到坚持，坚决克服困难，是主动学习的重要标志。

6）主动学习要正确对待自己努力与获取别人帮助和帮助别人。一方面要靠自己主动学习，刻苦钻研，另一方面相互讨论、互相帮助、互相提高。越是学习好的学生，越是有思想的人，不刻意追求别人帮助，能埋头钻研肯定会在学术上获得更深的造诣，陈景润教授是最好的典范。但是如果能够积极主动地与同事、同学沟通、交流和研讨，相互帮助，进步将会更快、更好。

7）要讲究学习方法。大学期间有很多好的学习方法，课堂上聚精会神地听老师讲课，抓住每节课的知识点，认真领会。课后要回忆老师的讲解，找出要点，对所学内容进行梳理、判断，找出纲领，重点，进行记忆。每做一道习题都要分析它利用了哪些基本定律和计算公式，采用了哪些技巧。通过总结不但能够使知识系统化，而且能够使基本定律和计算公式的应用，成为自己掌握的基本知识。

1.2.3 学会交流与合作

社会是由多个集体构成的，为集体（班级与学生会）做好工作的关键是团队合作，原因很简单，个人的力量总小于团队力量，个人智慧再强也不如团队智慧强，只有同心协力的合作才能办好每一件事。

要大事着眼，小事着手。能够做好小事的人才可能做成大事，做好大事。

在现代科学技术发展条件下，越来越多的科研难题都是由多个单位合作、攻关，共同研究完成的。群体合作业已成为现代社会活动的主要方式。在学校里学会团队合作，将终身获利，能为将来的发展打下坚实的基础。

在知识激增的今天，更新速度不断加快，任何人不可能是“全才”，因此，必须培养互相学习，紧密合作，在团队的协作中更好地增长才能，依靠合作完成目标，实现自我的成长。

积极参与集体活动，学会团结、互助，仅此才是成功之道。帮助别人本身就是帮助自己。这句话怎样理解？教育别人首先要教育自己，这是另一个关键问题。从自我做起，净化环境首先要净化自己。这是和谐社会的根本保障。

坚持以人为本，处处想到他人，为他人着想，合作肯定愉快，成功概率会不断提高。

要关注“大学生创新创业训练计划项目”，这是国家、省和学校为提高我们大学生的创新设计能力提供的重要平台，利用好国家、省和学校给予我们创新锻炼的条件，争取获得更多的成果，得到创新思维与实际动手能力的锻炼。在创新训练项目组内部要进行明确的分工，明确各自承担的责任和应完成的任务，明确自己的担当对整体项目的影响，项目组内要提倡合作，不但要通过合作完成创新设计任务，还要通过合作得到“合作”方面的锻炼，在共同完成创新训练计划项目后分享胜利的快乐。

1.2.4 学会思考与研究

学会思考是大学阶段的重要内容，中学阶段老师对学生的教育常常是灌输的方式，很少应用“启发式”教育，大学阶段的学生已经能够独立思考，也应该独立思考了。要在掌握基本概念与基本理论的基础上学会应用它分析、解决基本应用问题，这就是研究。

进入大学，最先遇到的理论课是“高等数学”，它与初等数学有着本质的差异，“极限”与“微积分”概念的引入不可轻视。大学物理的基本定律与高中物理似乎没有太大的差异，但是，它是用“微积分”的观点解释物理现象和规律的，需要重新认识。反复、认真地学习、才能真正地理解与掌握。这就是研究，用所学到的理论分析物理现象，观其然研究其所以然。

提倡主动学习，勤于思考，敢于质疑，把问题提出来。要注意很多问题的答案不是唯一的，解决问题的方法与思路也有多样化的问题，比较、选择是很重要的。哪种方法更好，哪种方法更容易理解，追求较好、更好。

看教材或参考书时，要紧紧围绕概念、定理、法则、公式和基本原理，思考它们是怎么形成与推导出来的，需要什么环境与条件，与哪些知识有关联。不要“死记硬背”，要分析缘由，要理解，理解了才有利于记忆。养成追根溯源，问个究竟的思想方法非常有利于今后的成长。

提高分析问题和解决问题的能力是非常重要的。有人说，大学并不难学，关键是掌握方法，提高认识事物的能力，学会思维。

进入大学阶段，已经是成年人了，要能够管理好自己，增强判断是非的能力，不要再依靠家长，依靠老师。要为自己的前程着想，不要人云亦云。

要树立责任心，不但对自己和家人负责，更应该对社会负责任，始终想着做一名有利于社会、有利于国家、有利于人民的人，是非常重要的关键问题。

成年人要懂法律，既要有自由，又要受法律约束，既要享受社会赋予我们的福利待遇，又要懂得作为社会一员，尽到自己应尽的责任与义务，受道德的约束，道德底线不可突破。

希望同学们尽快适应大学的生活环境、学会学习、学会交流与合作、学会思考与研究，尽快立志成才。

思 考 题

1. 举例说明测量与控制为什么不能分开。
2. 你能够从网络上查找几个典型的测量与控制的仪器与设备吗？
3. 大学教育与中等教育的差异是什么？为什么大学教育强调理解与思索？
4. 你的生活规律与自然规律和谐吗？了解人体器官的工作时序后，能否改变自己不科学的生活起居规律？
5. 你的学习方法需要怎样改进？为什么提倡将一门课或一个学科的知识穿成串，便于理解与记忆？
6. 你的高等数学课学得怎样？建立起用微积分的观点观察、解释物理现象的思考问题方法了吗？
7. 将自己培养成为有用之才、栋梁之才的要素有哪些？

第2章　专业概述

2.1　测控技术与仪器专业概况

测控技术与仪器专业是在精密机械基础上将光学、电学和计算机、信息（网络）、测量和控制技术融为一体的专业，研究信息获取、存储、传输、处理和控制的理论与技术，同时要兼顾各种测量与计量标准及产品质量管理。

2.1.1　测控技术与仪器专业发展史

新中国成立后，百废待兴，急需仪器仪表技术人才。1952 年，由天津大学、浙江大学率先筹建了“精密机械仪器专业”和“光学仪器专业”，以便满足工业、企业发展的需要。

随后，国内其他高校也相继筹建仪器专业，并借鉴前苏联的办学模式，适应于各种仪器、仪表类别的专业不断涌现，计量仪器、光学仪器、计时仪器、分析仪器、热工仪表、航空仪表、航海仪器、电子测量仪器、科学仪器和医疗仪器等十多个仪器、仪表类专业相继产生，形成专业群。

1978 年，随着改革开放的进展，过细的产品分类式的专业教育已不能适应新时代技术交叉融合发展的需要。至 1998 年教育部颁布本科专业目录，把仪器仪表类原有的 11 个专业归并为一个大专业，称为“测控技术及仪器”专业。

进入 21 世纪以来，仪器仪表企业发展速度空前高涨，对测控技术与仪器专业人才的需求急速增加，学生规模也快速扩大。

为促进仪器仪表学科的发展，教育部批准成立“2006～2010 届仪器仪表学科教学指导委员会”，由天津大学的胡小唐教授任主任委员。本届教指委在总结五年期间工作时指出：“开设仪器科学与技术本科专业的院校从 2005 年的 199 所增加到 2010 年的 263 所（包括新增加的 41 所独立学院），增长 32%。本专业在校生人数由 2005 年的 59800 人增加到 2010 年的 86500 人，增长 44%。测控技术与仪器专业呈现招生、就业两头热的局面，2006～2009 年，全国测控专业就业率大于 85%，高于全国平均水平。2007 年，全国普通高校 226 个规模以上专业就业情况排名，测控专业列第 34 位”。不难看出，办学规模大幅度提升，专业发展形势一派大好。

根据 2012 年 9 月教育部出台“普通高等学校本科专业目录和专业介绍”的精神，凡是开设目录中所列专业的学校不必再进行“申报”，可以直接根据高教［2012］9 号文件规定进行登记、备案。为此，预计测控技术与仪器专业将以更大的幅度增长。

2.1.2　专业定位

“测控技术与仪器”专业是由多个仪器仪表类专业合并而成的大型专业，涵盖机械加工、设备制造、石油化工、冶金轧制、航天航空、远洋运输、地质地理、材料分析、生物工程、医药工程、天文地理、农产品深加工等行业领域的测量，控制领域都无法分离的测量控制技术及其仪器设备。

“测控技术与仪器”专业指对信息进行采集（传感）、测量、存储、传输、处理与控制的手段和设备的综合技术。它包含信息的采集技术、测量技术、控制技术、网络传输技术和用来支持这些技术的仪器、仪表及系统，内容极其丰富。如图 2-1 所示，它涵盖信息采集、测量、控制三要素，是缺一不可的三要素。信息采集技术好比人的眼睛与大脑，它将外界信息收入眼中，送入大脑形成各种指令，指令形成的过程需要比对、经验和思索，即“测量技术”包括测量方法、测量仪器与测量系统，产生的测量结果为指令提供“依据”，指令形成后发给肢体形成动作，肢体的动作相当于“控制”。例如，人在驾驶汽车行驶的过程中，人眼在不断地采集路面前方的路况信息，测量前方的障碍物的大小、性质、距离、运动方向与速度，属于信息采集与测量。测量结果还要通过神经系统传送给“控制系统”，是用手操控方向盘躲避还是减速慢行，是“脚踩油门”还是“脚踩刹车”都是操作控制。三者缺一不可，整体运行才能完成预定目标。

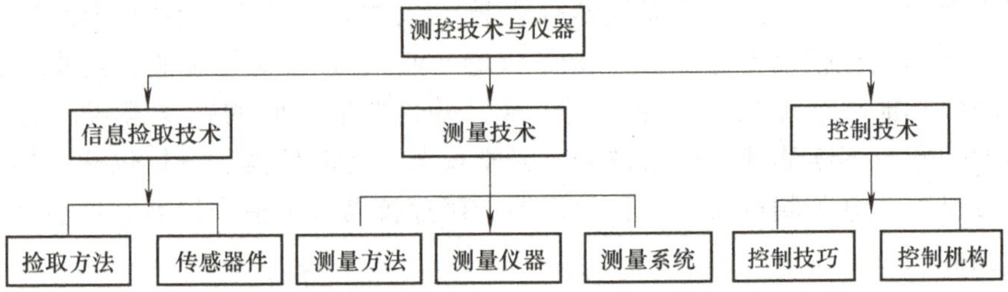

图 2-1 测控技术与仪器专业内容

测控技术与仪器服务于国民经济各个部门，是各个部门正常运转的保障，涉及的知识面很宽，是将各个行业的测控技术与仪器的核心内容抽取出来集中研讨。

测控技术涉及电子学、光学、精密机械、计算机、网络、信息与控制理论与技术等多项学科，主要研究各种高速度、高精密度的测量和控制技术的新原理、新方法和新工艺。

它具有一定的深度与广度，因此，含有本科、硕士与博士等学位，根据不同行业和层次的需要培养人才。

学校处于不同的地域，地域的差异面对的服务目标也要有所差异。专业定位要根据本校的特点和所处的环境确定服务的面向，有所侧重，不可面面俱到。

2.1.3 专业的学科定位

我国高等教育本科专业按学科门类设置，博士、硕士研究生专业按学科大类（一级学科、二级学科）两个层次设置。

按照 2012 年我国教育部公布的《普通高等学校本科专业目录和专业介绍》规定“测控技术与仪器”专业属于工学范畴中的仪器类，俗称工科专业，本科毕业获得工学学士学位。专业介绍明确指出了培养目标和培养要求。并对主干学科、核心知识领域和核心课程做出明确的规定。

(1) 培养目标

本专业培养专业知识、实践能力，综合素质全面发展，掌握测量、控制和仪器领域的基础理论、专门知识和专业技能，掌握信息获取、传输、处理和应用的技术方法，培养具有测量控制领域技术集成和仪器综合设计应用能力的复合型工程技术人才，能在国民经济各部门从事测量控制与仪器领域的科学研究、设计制造、技术开发、应用研究、质量控制和生产管理等工作。

（2）培养要求

本专业学生主要学习测量理论、仪器设计与测控系统集成技术基础，学习测量、控制和仪器相关的光学、机械工程、电子与计算机科学、自动控制等理论与技术基础，通过多种教学环节和工程实践，接受现代测控技术等基础训练，具有测控系统和仪器设计、开发及集成应用能力。

毕业生应获得以下几方面的知识和能力：

1）掌握测量理论、测量控制技术、测控系统和仪器分析、设计与集成应用的基本理论和专业知识。

2）掌握分析和解决测量、控制和仪器领域实际问题的基本技能和方法，具有综合应用光学、机械电子、计算机技术、控制等领域知识的能力。

3）具有判断性思维、创新意识和科学研究的基本能力。

4）熟悉国内外产品质量控制和安全生产的政策、法规，对目前国内外本专业常用的技术规范和标准有一定的了解，熟悉市场经济、企业管理等基本知识。

5）至少掌握一门外语，能熟练阅读本专业外文资料，具有国际视野和跨文化环境下的沟通与交流的初步能力。

6）具有良好的职业道德、敬业精神和社会责任感。

7）具有较扎实的自然科学基础，较好的人文素养，较强的语言文字表达、交流沟通和团队合作的能力。

8）具有终身学习意识和获取新知识的能力。

（3）主干学科

仪器科学与技术、控制科学与工程、光学工程、信息与通信工程。

（4）核心知识领域

数理基础、传感与信息获取、测量理论与测试技术、测试信号处理、计算机技术、测控总线及数据通信、控制理论与控制技术、仪器设计与制造、仪器性能测试与评价、控制系统分析、设计及集成等。

《普通高等学校本科专业目录和专业介绍》中对核心课程是以示例的方式给出，意在各个高校可以根据自己的特点和服务对象进行选择。以下给出三个核心课程示例。

（5）核心课程示例

示例一：电路基础（64 学时）；计算机结构与逻辑设计（64 学时）、电子电路基础（64 学时）、信号与系统（48 学时）、自动控制原理（52 学时）、微机系统与接口（48 学时）、工程力学（54 学时）、工程光学（56 学时）、信息通信网络概论（56 学时）、仪器科学与技术概论（16 学时）、传感器技术（56 学时）、精密机械设计基础（64 学时）、智能仪器设计技术（56 学时）、测试信号分析与处理（48 学时）、误差理论与数据处理（34 学时）、现代控制理论（34 学时）、导航定位控制与应用（32 学时），学科与专业选修课不少于 12 学分。

示例二：电路分析基础（68 学时）、信号与系统（68 学时）、电路信号与系统实验（15 学时）、模拟电子技术基础（60 学时）、数字电路与逻辑设计（46 学时）、C 语言程序设计

（45 学时）、微机原理与系统设计（78 学时）、电子线路实验（Ⅰ、Ⅱ、Ⅲ）（23 学时）、数字信号处理（46 学时）、电磁场与电磁波（46 学时）、射频模拟电路（46 学时）、自动控制理论基础（46 学时）、传感器信号调理（60 学时）、电子测量技术（54 学时）、单片机原理与程序设计（54 学时）、自动测试技术（54 学时）、软件技术基础（54 学时）、测量控制与仪器仪表新技术讲座（16 学时），学科与专业选修课不少于 12 学分。

示例三：工程力学（54 学时）、工程图学（80 学时）、机械设计基础（85 学时）、电路与电子技术（128 学时）、自动控制原理（40 学时）、微机原理及其应用（56 学时）、传感器技术（48 学时）、误差理论与数据处理（32 学时）、工程流体力学（40 学时）、热工基础（48 学时）、仪表电路设计（40 学时）、应用光学（40 学时）、物理光学（48 学时）、测控电路（40 学时）、热工仪表控制系统（40 学时）、自动检测技术（80 学时）、精密仪器设计（40 学时）、精密测量技术（80 学时），学科与专业选修课不少于 20.5 学分。

（6）主要实践性教学环节

金工实习、电子实习、生产企业实习、课程实验、课程设计、创新实验、毕业设计（论文）、社会实践调查等。

（7）主要专业实验

传感器技术实验、测试理论与检测技术实验、仪器设计实验、测量系统建模与数据处理实验、智能化仪器与网络化实验、测控系统综合设计实验、仪器性能测试与评价等。

可以看出，根据学校具体情况确定专业的服务对象，掌握基本理论与技能是非常重要的。

2.1.4 测控技术的核心概念

测控技术研究的是如何运用各种技术与工具延伸人对信息捡取、处理、控制和操纵的能力，使动态生产的产品质量稳定、可靠，成品率高，过程控制要求做到准确、效率高、能耗低并且稳定可靠。

测控技术的核心是信息、控制与系统集成，尤其是在高度复杂系统中获取核心与关键信息，发出各种控制指令，并准确执行各种动作，使整个系统能够长期稳定地工作。因此，发展测控技术具有很大的挑战性，产生深远的社会效益和巨大的经济效益。大力发展测控技术对国防、维稳、社会的进步与人类文明有着极其重要的意义。

用一个相对简单，易于理解的实例说明测控系统，如图 2-2 所示为浮球式水箱液位自动控制系统示意图。它由进水管、进水阀门水池、出水管、出水阀门和浮球等部件构成。

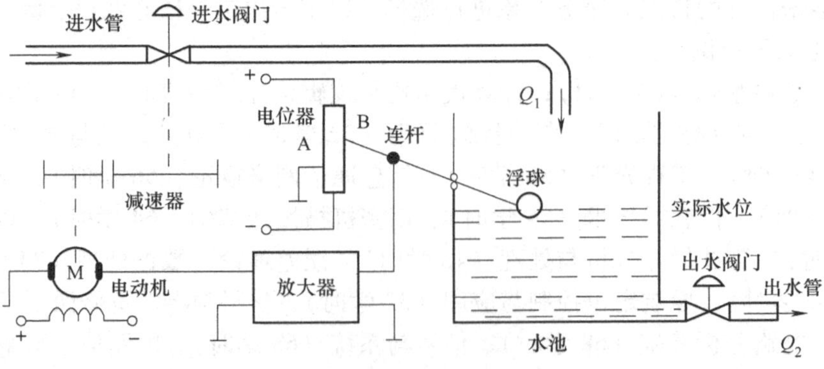

图 2-2　浮球式水箱液位自动控制系统示意图

测控系统由浮球、连杆、电位器、放大器、电动机、减速器和进水阀门等部件构成。

当实际水位低于预定水位时，连杆使电位器滑动端趋向B点，电位升高，经放大器输出的电压将使电动机带动减速器带动进水阀门，使水通过 Q_1 进水阀门流进水池，使水池水位提高。

浮球漂浮在水的上表面，当实际水位接近预定水位时，浮球将通过连杆使电位器滑动端的电位接近设定值，即滑动端滑向A点，电位降低，放大器输出电压减小，减速器带动进水阀门使其关小。当实际水位等于或高于设定水位时，连杆带动电位器滑动端的电位减小为零，电动机被关断，进水阀门被关闭，进水管没有水流进水池，水位保持不变。出水阀门打开，出水管有水流流出，水位下降，浮球将调整电位器使电动机再度起动，通过减速器开启进水阀门，进水管的水流补充出水管流出的水，使水箱的水位保持一定的值。

依据上述分析，提取出水箱水位控制系统的原理框图如图2-3所示，可以看出，浮球是水池水位的“测量部件”；放大器输出电压控制电动机，通过减速器控制进水管阀门，构成“执行部件”；连杆、电位器与放大器属于“反馈系统”；水池水位是“被控对象”；人们调整电位器的初始值，可以调整水池水位的高低，因此可以将电位器作为“给定量”。

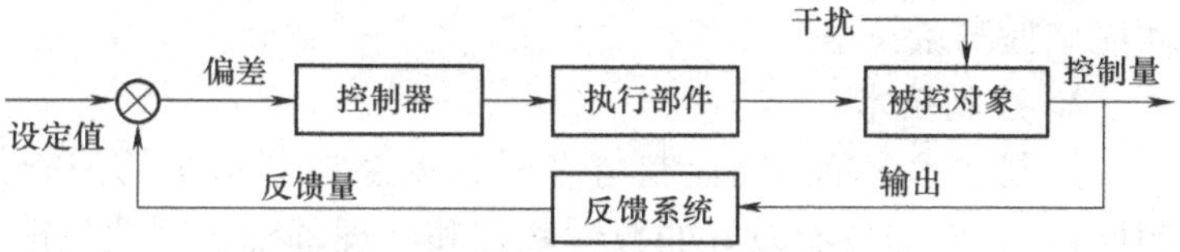

图2-3 水箱水位控制系统原理图

归纳出简单控制系统的基本构成如下：

（1）被控对象

被控对象是控制系统所要控制的过程、设备或工艺中的某一参数或多个参数，本例控制对象是水箱，参数是水位，也将其称为“被控变量”。

（2）设定值

本例是通过电位器与连杆实现水位的设定，称为设定值。在控制理论中也称为“给定值”。它可以是设定的固定值，也可以是一个输入变量值。本例水箱水位为固定值。

（3）测量变送器

本例是通过浮球、连杆、电位器和放大器等构成，将水位信息转变为电压信号，因此也被称为反馈系统，在控制理论中称其为“测量变送器”。

（4）比较环节

本例是由连杆、电位器和放大器等构成，图2-3所示原理框图中的左侧部分，它起到设定值（图2-2所示放大器的另一输入电压量）与检测量间的比较作用，并将“偏差”放大。

（5）控制器

本例由放大器及功率驱动器（图2-2中省略）构成，将偏差量放大驱动电动机对进水阀门进行控制，实现对水箱水位的控制。

（6）执行器

本例是由电动机经减速器带动进水阀门承担的，它能够控制进水量的流速，直至关闭。进水阀门在控制系统中起执行部件的作用。

上述几部分是实现简单控制系统的主要部分与功能，自动控制原理课中将详细讨论控制系统的相关理论，对系统的稳定性、可靠性和系统性质等进行详细讨论。

2.1.5 测控技术与仪器的基本概念

测控技术与仪器涵盖测量技术、控制技术和仪器仪表三个基本内容。下面分别叙述。

1. 测量技术

测量技术是研究各种物理量的测量原理、方法与方案等内容的。例如，长、宽、高尺寸量的测量，运动速度、加速度，振动幅度、周期与频率，重量，颜色，温度，湿度，压力等参数的测量。这些参数的测量需要借助各种传感器、变换电路和一些特定的办法、手段与结构布局才能完成，内容非常丰富。通过多门课程的学习才能掌握测量技术。例如，学习“光电技术”、“图像传感器应用技术” 和 “数字图像处理” 课程才能解决非接触尺寸测量技术的问题，学习“传感器技术”、“计算机软件”、“误差理论与数据处理” 和 “单片机技术” 等课程才能解决其他物理量的测量技术，因此需要我们按计划有步骤地学习这些课程，才能掌握测量技术。

2. 控制技术

控制技术含单回路控制与多回路复杂控制系统的控制技术，它的基础理论是“自动控制原理”，它需要有较好的数学基础和物理基础，因此只能安排在大二的下学期或大三的上学期学习。

控制技术中的反馈概念很重要，在大二上学期学习“电子技术基础” 时会遇到，要通过具体电路的反馈分析建立起概念为后续学习奠定基础。“电子技术基础” 课程把开环与闭环等概念都以电量的方式具体描述，容易理解，“自动控制原理” 课程中将它们抽象，上升为理论。需要我们早做思想准备，用具体内容建立牢固的概念。

3. 仪器仪表

仪器仪表是实现测控技术的重要手段，是测控技术的基础，它承担着测量数据的采集、处理、结果分析与数据存储、传输等重要任务。在控制系统中为了掌握控制系统的执行情况必须引入随时检测关键参数的数据才能确保控制系统的可靠性，这个重任主要由仪器仪表来完成。

（1）仪器仪表定义

仪器仪表（Instrumentation）是以测量、检测、观察和计算各种物理量、物质成分、物性参数等专用器具或设备的总称。例如，电流表、电压表、温度计、压力表、激光测距仪、示波器、显微镜、真空度检测仪等。

据不完全的统计，我国仪器仪表产品归属于工业自动化仪表系统的测量仪器仪表已发展到 13 大类，145 小类，800 多个系列，16000 多个产品品种；归属于工业和信息化部的有关信息技术电测仪器有 20 大类，2000 多个产品品种；归属于卫生系统的医疗仪器也有 23 大类，2000 多个产品品种。可见仪器仪表种类之多。

（2）仪器仪表分类

为学习掌握便利，根据我国的现状，将现代仪器仪表按应用领域与自身技术特性分为如下几大类型。

1）电工与电子测量仪器。

电工与电子测量仪表很多，如图 2-4 所示的各种指针式电流、电压和电功率测量与指示仪表。随着数字技术的发展，逐渐被数字式的电流表、电压表和功率表取而代之。

图 2-4 典型电工电子仪表

电工与电子测量仪器的种类也非常多。例如，示波器、频率计、信号发生器、晶体管特性参数测量仪和各种直流稳压电源等。图 2-5 所示为典型模拟示波器，能够测量、显示出正弦波、方波、锯齿波等波形，用来分析、测量与显示接入电信号的幅度、周期、频率和相位等信号。

图 2-6 为基于数字技术的典型数字示波器，它的显示窗增大，功能较模拟示波器有大幅度的提升，尤其它的存储功能提升的幅度更大，但是体积却大为减小，重量降低很多，便携性能提高，为室外电子设备的调试工作提供了设备保障。

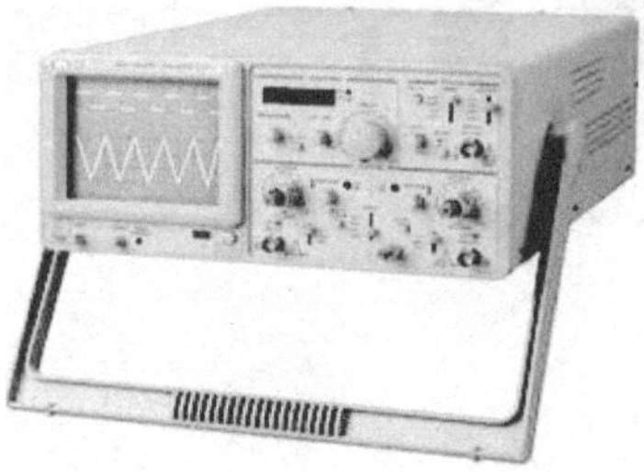

图 2-5 典型模拟示波器

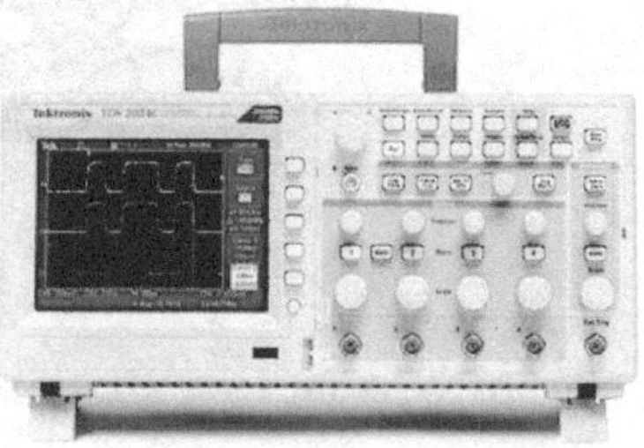

图 2-6 典型数字示波器

图 2-5 所示的模拟示波器只能够观测双线波形，而图 2-6 所示的数字示波器能够同时观测 4 路电子信号波形，分析它们之间的相位关系。数字示波器还具有数据存储、波形存储等功能。

图 2-7 为典型数字频率计的外形，数字频率计的重要功能是能够产生精确度非常高的基准频率，频率稳定度也有不同的标准要求。它能够提供频率测量的基准。另外，它能够对其他未知频率、周期进行测量。

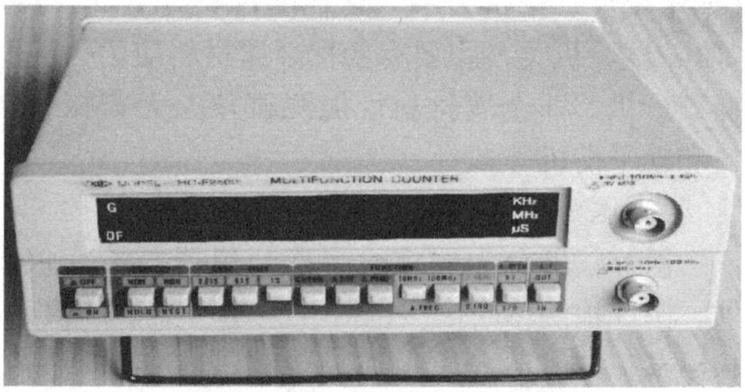

图 2-7 典型数字频率计的外观图

2）光学测量仪器

图 2-8 所示为普通光学显微镜结构示意图。显微镜用来观测微观图像，是最为常用的测量与分析的光学仪器。

图 2-9 为 21 世纪发展起来的光电显微镜。光电显微镜不但提高了观测的分辨率、清晰度，还使多人同时观测和远距离观测成为可能。计算机技术的介入，使其功能得到飞速的提高，光电显微镜提高了现代测量仪器的分辨能力与分析能力，使信息采集与存储能力提高，促进了现代测控技术的进步。

光学仪器还包括大地测量仪器、遥感、遥测扫描仪、光学计量仪器、物理光学仪器、光电外径检测仪器和光栅精密测量仪等。

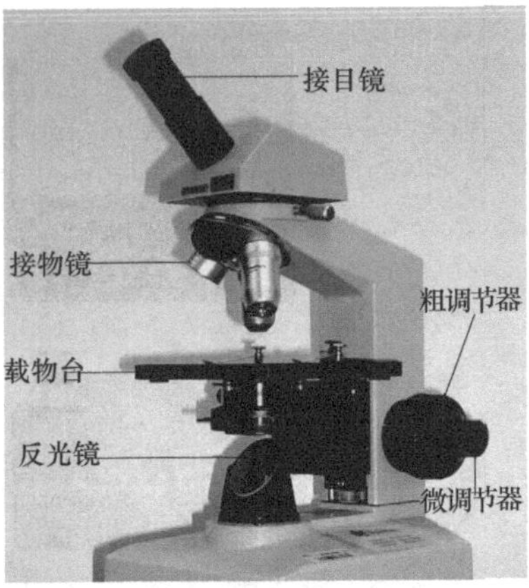

图 2-8　普通光学显微镜结构示意图

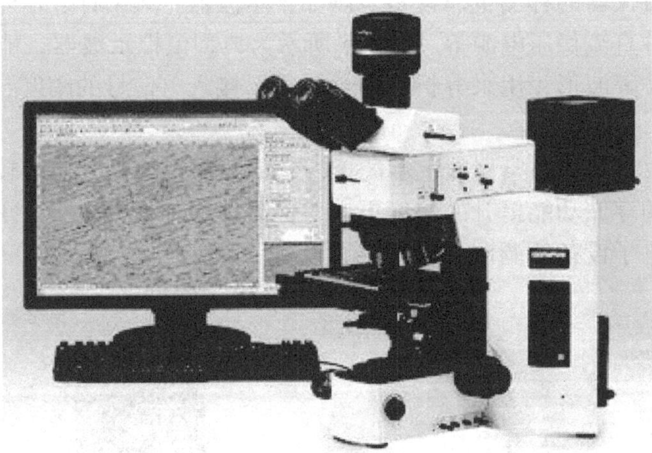
图 2-9　光电显微镜

3）科学测量仪器

指用于科学研究和参数检定、检测与分析的仪器，包括分析仪器（如光谱分析仪器、质谱仪、核磁共振波谱仪、等离子光谱仪、烟雾检测仪、污水监测仪等），实验教学仪器（如千分尺、精密天平、真空度仪、应变计、热电检测仪、声呐测量仪及环境参数检测仪等），试验机类（主要有各种金属材料应力、应变测量机、非金属材料性能测试仪、无损探伤仪和动平衡机等）。

4）医疗仪器

医疗仪器分为医疗检测诊断仪器与治疗仪器。医疗检测诊断仪器包括 B 型超声波诊断仪、核磁共振成像仪、X 射线成像仪、内窥镜诊断仪、心电图记录仪和病员监护仪等。治疗仪器有激光治疗机、呼吸机和高压氧舱等。图 2-10

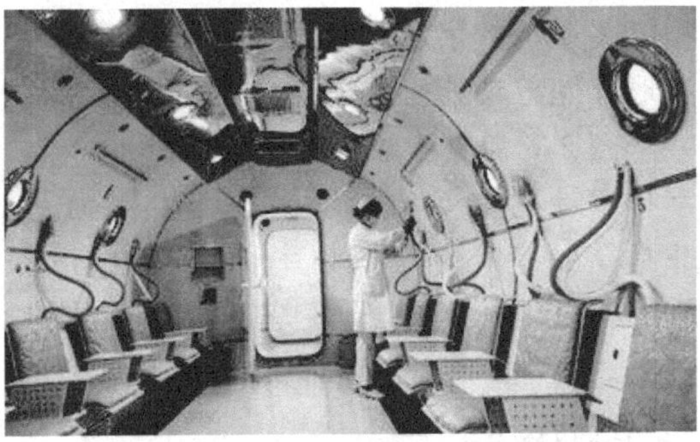
图 2-10　典型高压氧舱内部视图

为能够同时供10人进行高压氧治疗的高压氧舱内部视图。

5）专用仪器仪表

各种专用设备上配置的仪器与仪表种类很多，如图2-11所示为某飞机驾驶舱内部的各种专业仪表，包括高度计、雷达、方位仪和其他特种仪器仪表。

图2-12所示为某款汽车驾驶室内部的各种专业仪表。

在汽车行业，专业仪器仪表的种类有很多，例如，酒精检测仪，尾气检测仪，远光、近光检测仪等。

图2-11 某飞机驾驶舱内部的各种专业仪表

图2-12 某款汽车驾驶室内部的各种专业仪表

在环境保护方面也有很多专用仪器仪表，如空气质量监测仪、水质监测仪等。

农林牧渔业也有很多专业仪器仪表，地质勘探与地震预报和地震测量与分析等工作也都是在专业仪器仪表的支持下才能开展。

6）工业仪器仪表

各种工业企业所用的仪器仪表种类很多，例如，测量尺寸的千分表、百分表、光栅尺和各种自动分选机等。

2.2 测控技术的应用

现代人类已经离不开仪器仪表与测控技术提供的支持。尤其是进入21世纪之后，手机的出现和功能的增强，物联网的发展，人类几乎无时无刻不在测控技术与仪器环境中生活，测控技术与仪器成为人类的“伙伴”。下面从几个方面讨论它的应用问题。

2.2.1 在机械制造业中的应用

机械制造业是各行各业的基础，任何仪器、产品都需要机械结构的支撑，需要机械制造。机械制造的特点是产品批量大，自动化或智能化程度高，生产工艺多包含冷、热加工，装配，调整，校正与检验等，其中冷加工包括车、铣、刨、磨和镗等工艺，热加工包括铸造（材料成型）、焊接、锻造和热处理等工艺。为使产品质量稳定、工效高、成本低，常采用自动化或智能化生产设备，机器人装配手段，自动化校正与各种性能参数的检验设备，尽量减少人为因素。各种数控机床、自动化生产线、机器人装配加工线和智能生产设备促进了机械制造业的发展。

1. 数控机床

机械制造企业通常采用各种专用的加工设备，如车床、铣床、刨床、镗床与磨床等，技术工人掌握并完成各种机械加工工作。工人常常是手不离卡尺，边操作机床边测量被加工件的尺寸，掌握其进度，停车检测是必需的工作。进入21世纪以后，数控技术武装了机械加工设备，产生如图2-13所示的数控车铣机床，它能够完成车与铣工艺加工，大幅度提高工效，减轻机械工人的劳动强度，提高产品质量。

图2-14所示为功能更强大的数控机床常称为“数控加工中心”，它将集中更多机械冷加工工艺于一身，通过数控编程来完成。各种功能的加工中心屡见不鲜。

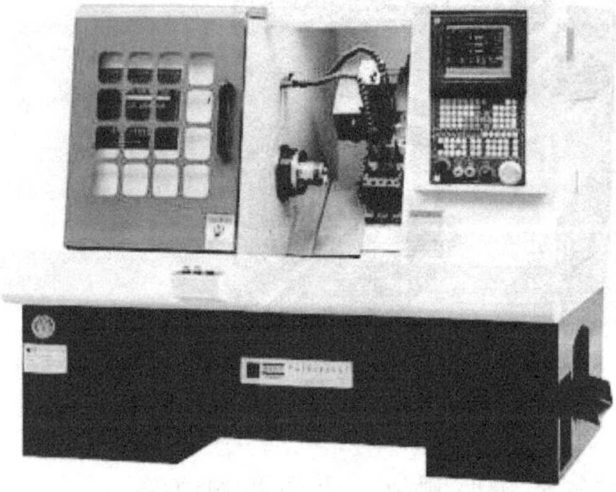

图2-13 数控车铣机床

图2-14 数控加工中心

加工中心内部安装有非接触测量用的光源与光电传感器，能够对产品生产过程进行实时的监测与数控程序配合完成各种加工工序的转换。

加工中心把测控技术与数控技术有机地融合在一起，是现代科技发展的标志。

2. 自动化生产线

大型企业在大批量产品的生产中采用生产线与装配线，如图2-15所示为锂电池自动焊接生产线，整个锂电池焊接过程在无人监管下自动完成。

图2-15 锂电池自动焊接生产线

图2-16所示为汽车装配线上的自动焊接

机在焊接汽车车身。多台自动焊接机在测控设备的指挥下完成各项焊接工作，有节奏按部就班、有条不紊地完成各种操作，使汽车产量大大增加，成本降低。

图 2-16 自动焊接机在焊接汽车车身

3. 工业机器人

美国戴沃尔于1954年提出了工业机器人的概念，并申请了专利。1959年研制出第一台工业机器人。联合国标准化组织为工业机器人下定义为“一种可编程和多功能的，用来搬运材料、零件、工具的操作机；或是为了执行不同任务而具有可改变和可编程动作的专门系统”。

也可以把“工业机器人”理解为靠自身动力和控制能力来实现各种功能的一种机器。它可以接受人类指挥，也可以按照预先编排的程序运行，现代的工业机器人还可以根据人工智能技术制定的原则和纲领行动。代替人完成某些特定的工作是工业机器人产生、发展的原动力，尤其是人工成本的提高，人的精神作用对产品质量稳定性的影响不断加剧的今天，工业机器人的发展展现出更为美好的前景。

当今工业机器人技术正逐渐向着具有行走能力、多种感知能力、对作业环境有较强的自适应能力等方向发展。

如图 2-17 所示，汽车装配线上几台机器人完成汽车的装配工作。

图 2-17 汽车装配线上几台机器人完成汽车的装配工作

4. 自动检测设备

各种产品质量的检测是保障产品质量的关键，很多企业都在研制适合本企业产品的自动检测设备，自动检测设备一般都是针对自身产品的特点进行检验。自动检测设备的标准化程度并不很高，一些大型企业、规模化生产企业的自动检测设备的规模也是令人吃惊的。如图 2-18所示，为某家电产品的自动检测线，用来检测家电的质量。自动检测设备设计过程中必须考虑质量检测的环节，质量检测包括很多内容，包括外观、性能参数、耐久性（寿命)、环境适应性、耐压、耐热与抗电、磁干扰特性等，需要具有传感器技术、测控技术等多种综合技能人才的密切配合才能完成。

图 2-18 某家电产品的自动检测线

很多自动检测设备都与自动包装结合起来，通过检测的产品将直接包装，图 2-19 所示为瓷砖质量检测、分选与包装一体机自动线。测量与控制设备使瓷砖产品质量把关更为严格，瓷砖的形位尺寸更准确，通过分选，把不同色差的瓷砖包装在一个小类范围内，便于施工方能够更合理地铺设，使工程效果提升档次。包装的自动化为瓷砖生产企业带来更高的市场占有率，提高企业知名度与生产效率。

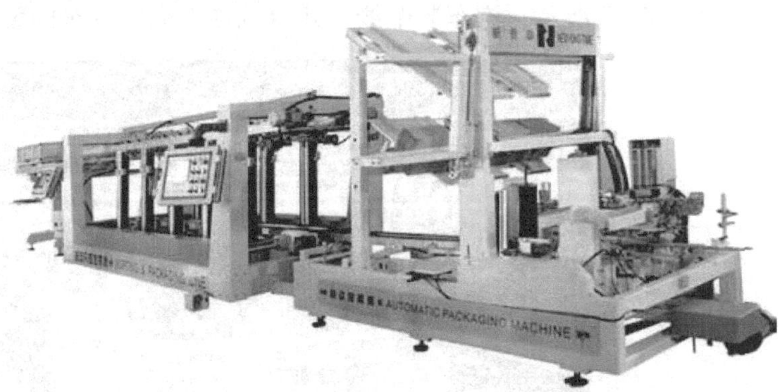

图 2-19 瓷砖质量检测、分选与包装一体化自动线

2.2.2 在化学工业生产中的应用

化学工业（Chemical industry）泛指生产过程中以化学、物理方法生成各种化工产品的产业，它包括基本化学工业如酸、碱、盐等无机化工产品和塑料、合成纤维、合成橡胶和油漆等有机药剂、石油、染料工业等有机化工产业。如图 2-20 所示为某典型化工企业的外景图，化学反应釜林立，这些反应釜内部压力、温度和参加反应材料的比例等都需要严格的控制才能确保化工产品的质量。

图 2-20 某典型化工企业的外景图

图 2-21 某化工厂的一角

图 2-21 为某化工厂的场景。企业规模一般很大，各种各样的管道、反应釜为化学反应提供必要的物理与化学条件，这些条件要由仪器仪表进行实时监测与控制，监测反应过程，管理与控制产品质量。

图 2-22 为化工厂生产监测调度中心系统图，图中各个工位设置许多传感器，它将各个反应釜的工作参数通过数据采集系统形成数据，并由图像传感器获取图像信息，利用光纤等有线或无线传输网络送给各个监测与生产环节，监控各环节仪器仪表检测的数据是否正常，

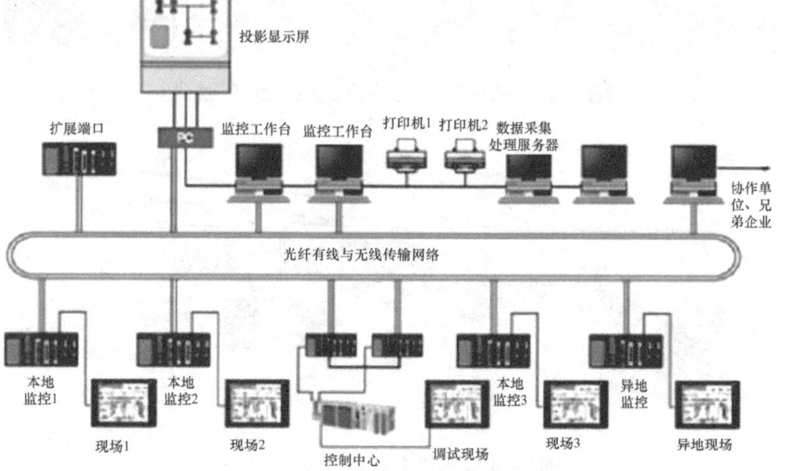

图 2-22 化工厂生产监测调度中心系统图

遇到问题及时通过电话、网络与其他手段随时处理，确保化学反应过程顺利进行。安全生产，保证质量。

从图 2-22 中可以看出测控技术与仪器还有很大的发展空间。工作人员紧张的工作，两眼目不转睛的观察数据，大脑在不断的分析、判断数据，很容易疲劳，疲劳会使精神分散，造成意外事故。为此如何实现自动监测与控制将是新的课题。

2.2.3 在电力工业中的应用

电力工业是国民经济的重要支柱产业，肩负着将各种自然能源转化为便利应用的电能的使命。电力工业包括各种发电厂、输变电系统、安全用电与电力管理系统等。

1. 发电厂

早期的发电厂以火力蒸汽式发电厂为主，主要设备是汽轮发电机，燃烧产生的能量使水蒸气以足够的压力推动汽轮机主轴旋转，主轴带动发电机的转子在定子中旋转。根据法拉第电磁感应定律，定子线圈中将产生电动势（或电能）。图 2-23 所示为某热电厂的蒸汽发电机组在运行。确保汽轮机安全稳定运行的是测量设备各种工作参数的仪器与仪表。将设备各个部位的仪器与仪表工作状态传送到如图 2-24 所示的中央控制室，工程技术人员通过计算机监控着发电厂从燃料燃烧、水质监测、蒸汽压力、蒸汽汽轮机运转状况到发电机组产生的电压、电流等参数的数据，确保设备的正常运行。

图 2-23　某热电厂的蒸汽发电机组在运行

图 2-24　某热电厂的中央控制室

图 2-25 所示为我国西部某风力发电厂的外景图。将自然风能转换为电能，既环保，又

创造了自然景观。

图 2-26 所示为中型太阳能发电厂在运行，一排排的太阳能光伏电池板接收太阳光，将太阳能直接转换为电能。可以直接进行存储，也可以通过调制系统将其转换为交流电与电力电网并网。

图 2-25 我国西部某风力发电厂的外景图

图 2-26 中型太阳能发电厂在运行

一些地方也常将风力发电系统与太阳能光伏电池组联合应用，构成双重发电方式。如图 2-27 所示为风力发电与太阳能光伏发电的控制与逆变系统图，目的是向电网供电。

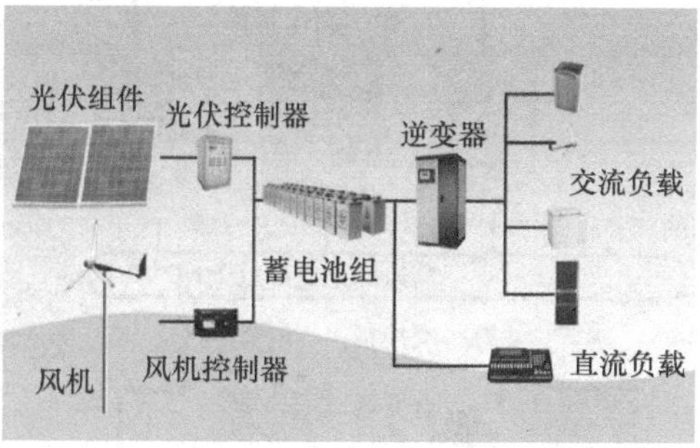

图 2-27 风力发电与太阳能光伏发电的控制与逆变系统

由图 2-27 可见，太阳电池板（光伏组件）只能在白天，在阳光的照射下产生电能，需要用蓄电池组将阳光充足时的电能储备起来，蓄电池组是光伏发电的电能存储系统，使其在阳光能量不足时提供补助电源。逆变器是太阳能发电设备接入电网和为交流用户提供电能的必备设备。风机提供的电能是光伏组件的补充能源，只要有自然风就能够发出电能。这些设备都需要检测电压、电流和功率，所用仪器与仪表都是测控技术与仪器必须涉足的地方，或测控技术与仪器应用的领域。

风电与太阳能光伏发电一次性投入虽然很高，但是运行成本低，应用便捷。尤其是地球矿物能源缺乏的今天，各种绿色电力能源更显得格外重要。

2. 电力输送系统

图 2-28 所示为高压变电站外景图，发电厂输出的电能通过变电站升压到几百至几千千伏再传送至远方，在用户使用前，还要将几百至几千千伏的高压变换成 380V 的安全电压供给用户，都需要变电站。

图 2-28 高压变电站外景图

电力能源属于商品管理，市民用电需

要购买，现在很多大中城市都建立了购买电能的管理系统，或者称为每户一表的管理方式。企业用电也步入商业运作模式，那么，电力是如何调配的呢？如图 2-29 所示为电力传输、调度和管理系统图，该电力传输、调度和管理系统图比较复杂，我们一时无法将其看得清楚，很多内容也不理解，但是，它能够使我们理解从发电机组发出的电能经过各种传感器（图中介绍为光电传感器）给出电力传输信息，通过高速环形光纤以太网送给保护测控装置，再由保护测控装置送到上级高速环形光纤以太网，为管理层面服务器与各级工作站及调度中心统一指挥。

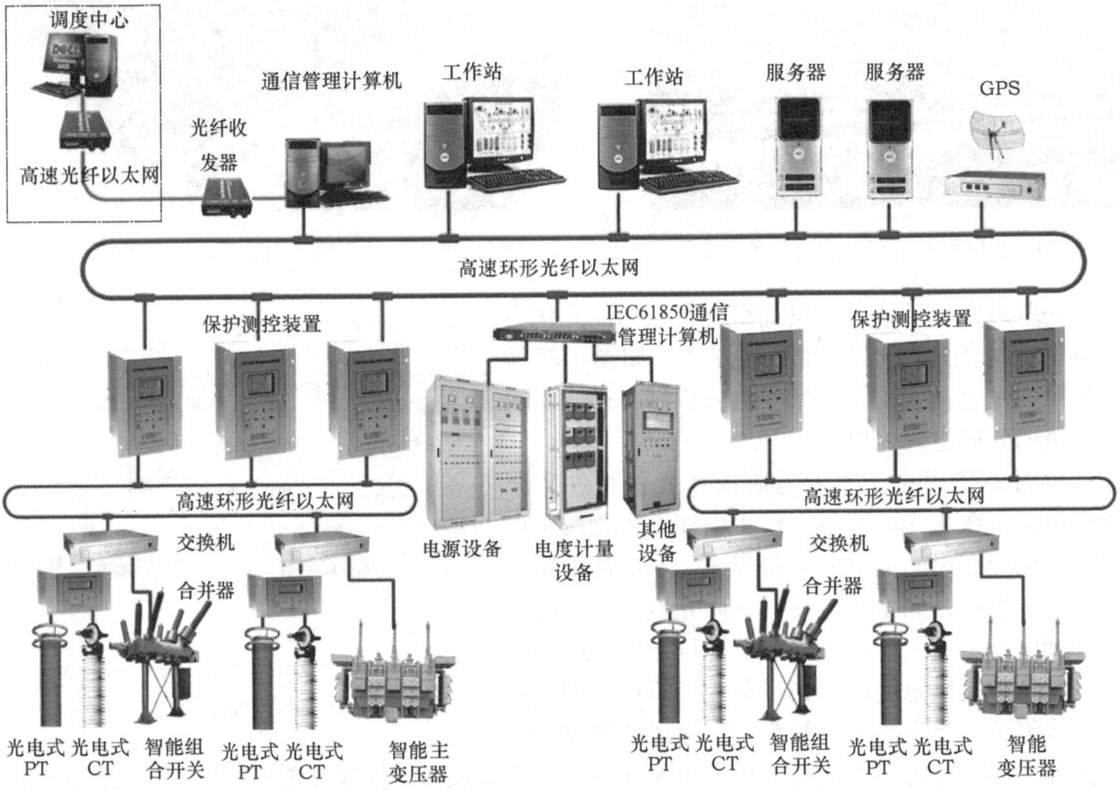

图 2-29 电力传输、调度和管理系统图

2.2.4 在石油工业生产中的应用

石油工业包括油田、气田的勘测、开发与设计，采油采气，油气聚集与传输，加油、加气等工程，原油的提炼，石油化工等，石油工业在国民经济中占有重要地位。

1. 采油

探明油气资源后，根据探明的储量和内部油气压力状况进行开采作业，可以靠自身的压力采油钻井引流的方式使油气喷射出来，在这种采油采气工艺下要使用大量的测量仪表与仪器，进行压力、流量和油井参数的测量与控制。

随着开采量的增大，油气内部压力减少，致使无法自行喷出，就要采用“注水挤压”的方式将不能够自喷的油气开采出来。图 2-30 所示为某油田的外景，油井的采油机械设备不断地利用注水、加压的措施将石油挤压出来。采油机械的控制，储油罐储油量的检测设备，电力供应等都需要测控技术与仪器设备来操控。

图 2-30 某油田的外景图

无论是采油采气，还是油气聚集与传输，加油、加气都需要测控技术与仪器专业人才与仪器设备的支持，相关的测量仪表更是很多。从原油生产出各种石油产品一般必须经过多个物理及化学的炼油过程。

2. 炼油

开采出来的石油不能直接应用，需要经过提炼才能产生所需的汽油、柴油和各种有机化工必需的原料。因此石油炼制工业也是国民经济重要的支柱产业之一。

石油制品主要有以下面几大类。

1）燃料油系列。如各种牌号的汽油、柴油等。

2）润滑油系列。如各种牌号的机油、黄油和凡士林油等。

3）工艺油。如变压器油、电缆油、液压油和高折射率的透镜油等。

4）化工原料。如乙烯的裂解原料等。

5）沥青。铺路沥青、防腐沥青、防雨沥青与建筑沥青等。

还有化妆、包装、医药等多种产品。

炼油生产是连续过程，多为高温、高压、易燃、易爆的操作环境，对工艺参数要求严格，必须对生产过程的各项参数进行检测与控制，需要大量的仪表与仪器构成全程监控系统，确保安全运行，保质保量完成生产任务。

图 2-31 所示为某大型炼油厂的外景图，管道纵横交错，裂解高塔耸立，各种输油、储油罐设施遍布。

图 2-31 某大型炼油厂的外景图

所有设备都需要测量温度、压力、流量、液位、成分等参数，需要对其控制，以便确保安全生产。

2.2.5 在冶金工业中的应用

冶金工业包括选矿、采矿、冶炼与轧制等企业或生产工艺过程。选矿要利用光谱分析仪等仪器设备完成石材的鉴定，确认金属的含量，判断它的开采价值。

采矿是企业行为，需要矿山机械，更离不开仪表与仪器，离不开测控技术与仪器的支持。

冶炼与轧制属于冶金工业的主干企业，例如钢铁企业。它包含对矿石的精选、烧结或制成易炼球团，再经高炉冶炼成生铁，平炉或转炉炼、铸成钢锭。再将钢锭通过轧机压轧成各种形状的钢材。图 2-32 所示为京唐钢铁公司炼铁高炉外景图。

图 2-32 京唐钢铁公司炼铁高炉外景图

冶炼金属过程复杂，需要多种多样的设备。如燃料的添加设备，冶炼辅助原料添加设备，炉温测量与控制设备，燃料、矿石、辅料的比例控制设备等。比例失调、温度控制不准都会造成冶炼的失败，而且，冶炼过程是连续运转的，一旦有失，损失惨重。因此，必须有可靠、精确的测控技术保障冶炼质量、生产安全、降低成本与节能环保。

图 2-33 为某钢板厂钢带板压轧机工作现场。钢带板在一定温度下才能够被压轧成希望的厚度。压轧厚度需要测量仪器检测，根据测量数据调控轧辊的间距，确保钢带板的厚度符合设计要求。高质量测控技术与仪器是高品位钢带板产品的保障。

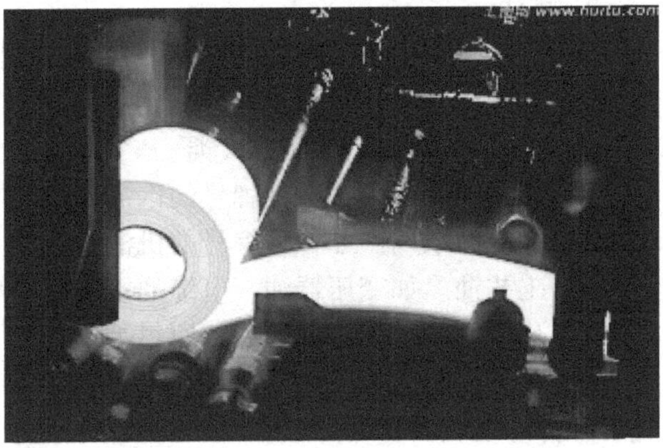
图 2-33 某钢板厂钢带板压轧机工作现场

2.2.6 在煤炭工业中的应用

煤炭是重要的矿物资源，是人类生产、生活的重要能源。由于煤炭埋藏在相当深的地下，需要勘探与找矿。建矿与开采，构成煤炭工业。煤炭工业除提供能源外还肩负着“煤化工”、“煤焦油”等产品制造，在国民经济中起着重要作用。

1. 勘探

勘探、找矿都需要用检测分析仪器，也需要大地测量仪器勘测煤田的位置与储备量。勘测分析煤层厚度、埋藏深度，以便确定开采方式。

2. 采煤

根据煤层的厚度与埋藏的深度，确定采用何种开采方式。埋藏深度较深，一般采用如图 2-34所示的“立井”开采方式，图中右侧为直通采煤工作面通道。立井垂直地面，靠起重机将采煤设备和矿工运到井底采煤面。立井运煤的路径最短，节约时间。一般立井深度较深，常在几百米以上，在这种情况下联络、通信需要仪器。

用倾斜一定角度的“斜井”能够开采埋藏在百米以下深度的煤层，斜井运煤路程较长，效率较低，但是开采成本低。

当埋藏深度浅，煤层厚度厚的煤田常采用“露天开采”的方式。

图 2-34 立井采煤外景图

立井、斜井的采煤工作都是在地下几百米深度之下，为确保采煤工人、设备和工程机械的安全，必须为井下通风、送气，排除甲烷、煤粉尘、烟雾、一氧化碳与其他有毒有害气体；还要防治地下暗河、地下积水和塌方等对矿井造成的危害。为此，每个矿井必备安检（保全）部门，负责消除粉尘，检测与监测采煤作业面与矿井、框架和设备的工作，确保矿井安全生产。安检部门需要很多标准与特种检测仪器与仪表。矿井内安装很多如图 2-35 所示的瓦斯报警器，图 2-35 右侧为探测头，可以安装在井内各个工作面，时时检测一氧化碳、煤的粉尘和其他可燃性气体（总称为瓦斯气）的含量是否超过一定的浓度，一旦超标，立即送给左侧的报警器，报警器根据触发信号的地址给井上指挥部发送信息，报送位置信息和超标程度，同时发出声光报警，目的是确保安全生产。

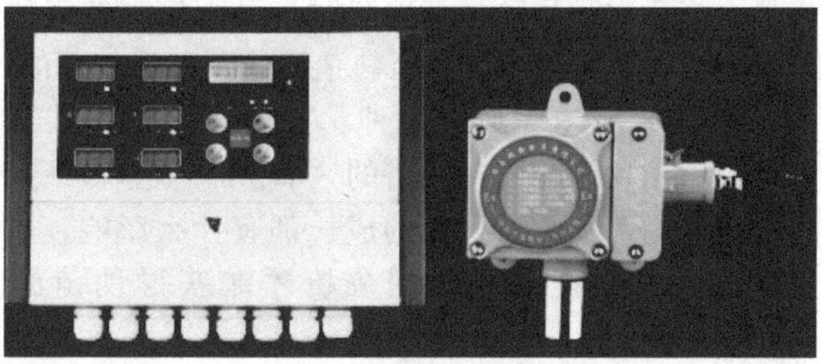

图 2-35 瓦斯报警器

图 2-36 所示为现代化采煤设备在工作。是煤矿井下采矿作业面上“联合采煤机”采煤现场图。由图 2-36 可见，工人（在图左侧）监控着大型螺旋式挖掘机在矿井作业面采煤，采出的煤炭通过传送带传送到运输车上，再由运煤车运出矿井，使整个采煤过程实现现代化。不难看出，设备安装制造的多个环节都需要测量与控制。

图 2-36 现代化采煤设备在工作

2.2.7 在农业生产中的应用

2013 年 12 月召开的中央农村工作会议强调：“中国要强，农业必须强；中国要美，农村必须美；中国要富，农民必须富。农业基础稳固，农村和谐稳定，农民安居乐业，整个大局就有保障，各项工作都会比较主动”。

食品安全源头在农产品，基础在农业，必须正本清源。首先把农产品质量抓好，要把农产品质量安全作为转变农业发展方式、加快现代农业建设的关键环节，用最严谨的标准、最严格的监管、最严厉的处罚、最严肃的问责，确保广大人民群众“舌尖上的安全”。

测控技术与仪器在农业生产中起到重要的作用，表现在以下方面。

1. 选种与育种

种子是农业生产的关键要素，袁隆平培育出亩产超千公斤的水稻良种对国家粮食生产做出巨大贡献。图2-37所示为玉米种子色选设备。采用这套色选设备选出的种子能够确保出苗率，减少玉米生产中的间苗过程，同时节省种子。CCD图像传感器是色选设备的核心部件，它在光源的配合下完成对色选对象颜色、形状和尺寸的测量与分析，发现残次品要发出控制信号，当残次品运动到某位置时，气阀控制的气压将残次品吹离正常被选物的运行轨道，达到色选的目的。

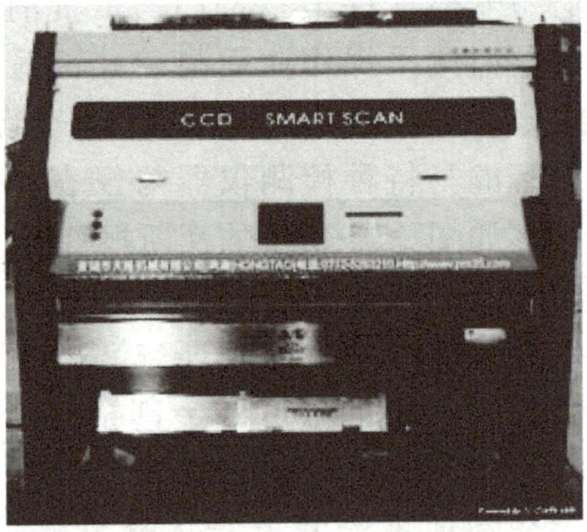

图2-37 玉米种子色选设备

图2-38所示为典型育种、育苗实验室，从图2-38中可以看出秧苗生长在充裕的“日光”下，“日光”的照度、光谱等参数对秧苗的成长都有什么影响，需要通过实时测量、记录与数据分析才能获得秧苗的生长规律。

图2-38 典型育种、育苗实验室

室内温度、湿度等环境参数是影响秧苗生长的另外重要参数，也需要通过实时测量与分析找出规律。另外，对温度与湿度的测量、分析与控制，以便摸索、总结秧苗的生长规律。

2. 农业生产机械化、自动化与智能化

农业发展的关键在于农业生产机械化、自动化与智能化。在广阔的田野上，农民已逐渐摆脱“面朝黄土背朝天”的繁重体力劳动，走上机械化、高效率的规模生产。图2-39所示为某农场的小麦联合收割机在收麦，农民再也不用抢收抢种，害怕耽误农时。还有诸如水稻收割机、插秧机和播种机等系列生产机械也已走入广大农村。

联合收割机内含有多种仪表监测装入舱内的小麦是否达到转运的程度，若达到转运的条件便通知运输汽车前来装运等。

图 2-39 小麦联合收割机在收麦

3. 工厂化养殖

植物、动物和水产品养殖都已经进入高效率的工厂化养殖阶段，各种各样的工厂化养殖场遍布全国各地。图 2-40 所示为工厂化养殖场的监控中心，为养殖场提供温度、湿度、光照等环境参数和被监控的植物、动物和水生物生长与活动信息，以便总部随时掌控，确保养殖产品高效增产。

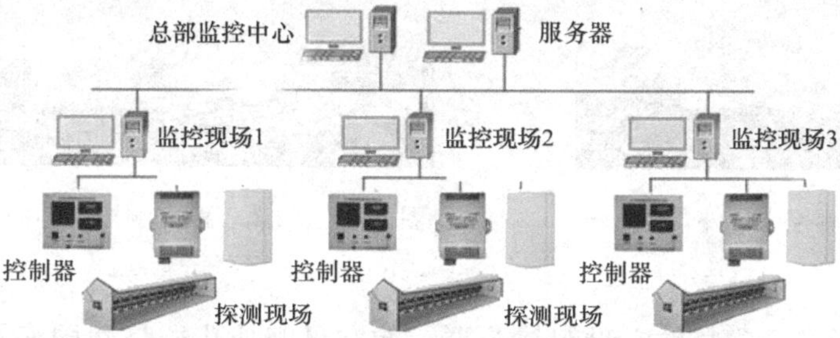

图 2-40 工厂化养殖场的监控中心

农业生产过程需要参数的测量，也需要对过程进行控制。由图 2-40 可见，整个控制系统充满了探测、检测传感器与现场监控、图像信息传输，通过网络、控制软件完成整个养殖场的控制与管理，完成各种养殖任务，实现农业生产过程的控制与管理。

2.2.8 在国防科学与国防工程中的应用

国防科学实力是国力的具体表现，国防科学的重点是航天科技。我国航天科技发展较晚，进步很快。1970 年 4 月 24 日，我国第一颗人造地球卫星发射成功，标志着我国航天工业的起步。2003 年 10 月 16 日，我国的神舟五号载人飞船顺利从太空返回地球。2014 年，我国成功地将月球车送上了月球，从月球拍摄了完美的图片。2014 年 10 月，我国完成了在月球着陆后又顺利返回地球的实验。这一切都标志着我国航天工程已经进入世界先进水平。

1. 航天工程

我国航天科技每向前发展一步都离不开测控技术的发展与进步。

每当中央电视台现场直播卫星发射、飞船发射过程中，总能够听到“远洋测量船”和“卫星测控中心”等相关的词汇，听到“远洋测量船”和“卫星测控中心”测量卫星入轨正常的声音。是的，入轨正常的依据就是由行驶在远洋公海的测量船观测的数据。

图 2-41 远望 6 号测量船驶向预定位置

图 2-41 所示为我国的远望 6 号测量船驶向预定位置，我国有多艘远洋测量船，多个卫星和地面测

控中心站，完成对整个地球上的各种飞行体飞行轨迹的测量，执行对发射的卫星、飞船和导弹等飞行体的测量工作。

图 2-42 所示为我国西安测控中心外景图。西安测控中心以各种不同的波段对卫星、飞船等航天器进行测控，为测控调度中心提供准确的数据。除西安测控中心外，还有不同位置的远洋测量船和地面测控站。图 2-43 为归属于西安测控中心的三亚测控站外景图。三亚测控站安装有跟踪天文望远镜与射电望远镜，不断地跟踪和测量卫星、飞船和空间站航天器的位置，并与测控中心保持密切联系，使测控中心时刻掌握飞行器的状况。

图 2-42　西安测控中心外景图

图 2-43　归属于西安测控中心的三亚测控站外景图

2. 海防力量

如图 2-44 所示的辽宁号航空母舰战斗群。航空母舰战斗群是我国海军的中坚力量。由图 2-44 可见，航空母舰战斗群由舰载飞机、巡洋舰、护卫舰和预警飞机等构成。

航空母舰战斗群指挥系统离不开定位、测量与各种参数测量控制系统。

舰艇、飞机的驾驶舱内充满了各种参数的测量仪表。图 2-45 所示为某飞机驾驶舱内的仪器仪表。飞行的海拔、位置经纬度、方向、速度、油料状况、主要机械部件例如各个发动机的工作状况等都需要飞行员掌握和关注。

图 2-44　辽宁号航空母舰战斗群

图 2-45　某飞机驾驶舱内的仪器仪表

3. 航空工业

由图 2-45 可见，飞机驾驶舱的上下和前方安装了几十个仪表、指示灯和控制（操纵）杆。两位驾驶员的头上戴有耳麦，与地面控制塔保持联系，取得命令，都属于测控技术领域。

飞行员依靠这些仪表测量出的各种数据，掌握飞机运行的状况，油料消耗状况，天气状况，风向、风力与其他参数，保障飞行安全。

4. 导弹系统

导弹是现代战争的重要武器，因为导弹射程远、威力大，它能够携带各种威力的弹头，又能够在海水里利用潜水艇发射，能够用坦克发射，能够用飞机发射，还能够用火箭发射，凸显其威胁力度。

图2-46为导弹发射车发射导弹瞬间。导弹发射车的仰角与导弹发射的初速度都影响导弹的射程与导弹着地点，因此需要精确的设计与监控，还需要测量导弹发射瞬间的振动状况，振动状况也会影响弹道轨迹。

图2-46 导弹发射车发射导弹瞬间

2.2.9 在医疗卫生系统中的应用

医疗卫生系统包含中、西药品、药剂的生产、包装与检测，医院系统，卫生防疫系统等，是人类健康的保障。

1. 医药、制剂

中、西药品的制造与生产都需要对配方进行严格、精准的计量，必须在严格的工艺流程和严格的环境控制下进行生产、包装与检验才能确保药品的质量。因为药品质量关系人类的健康与生命安全。

图2-47为某中成药加工企业的中成药生产线。图2-47中生产工人在监管中成药生产设备的自动运行过程，确保其正常运行。看得出该生产线在智能化程度上尚需提高，以便减轻工人的劳动强度。测控技术与仪器专业技术人才在医药生产环节大有发展前景。

图2-47 某中成药加工企业的中成药生产线

2. 医疗仪器设备

医疗仪器设备包括诊断、治疗与医学研究的仪器设备，是医学与工程技术密切结合的产物。医疗仪器设备的设计与制造离不开测控技术的支持，医疗仪器设备属于多学科的综合技术，要求对生物、物理、化学、传感器、电子技术、测量与控制技术、计算机技术以及网络技术都要有一定的了解，熟知人体生理卫生知识，认识细胞及分子原子结构，理解生命和健康的要素，遗传与DNA信息等知识。因此医疗仪器设备也是仪器仪表在医疗领域的重要分支。

医疗诊断仪器包括各种检验仪器（如血液成分分析检验仪等）、影像诊断仪器（如X光机、CT扫描仪等）、超声诊断仪器、血压、血糖仪等设备；治疗仪器设备种类更多，如激光去痘机、红外治疗机等；还有康复仪器和家庭保健仪器设备等。这些仪器设备都涉及观测、分析与判断，并且要根据观测、分析与判断的结果进行适当的处理，即使某些具有特殊功能的机器工作，其实质是测量与控制。

图2-48所示为三维B超诊断仪在工作。医生操控三维B超诊断仪完成腹部异物的扫描成像，帮助医生判断病因。

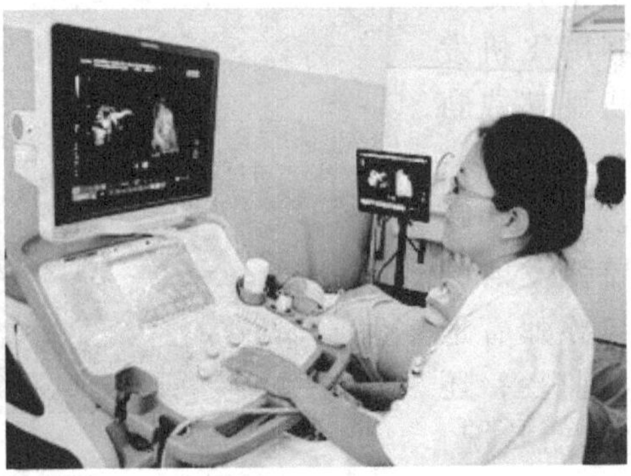

图 2-48　三维 B 超诊断仪在工作

3. 护理

护理仪器设备种类繁多。图 2-49 所示为一款腕式血压计，能够测量与分析病人的血压、心率，帮助人们了解心率与血压，关注个人身体健康情况。

图 2-50 所示为绿色环保的心电记录分析仪。心电记录分析仪将心脏活动时心肌激动产生的生物电信号自动记录下来。它是临床诊断心脑、心血管疾病的重要的检测仪器。另外，护理仪器设备还有血糖仪、骨密度分析仪等。

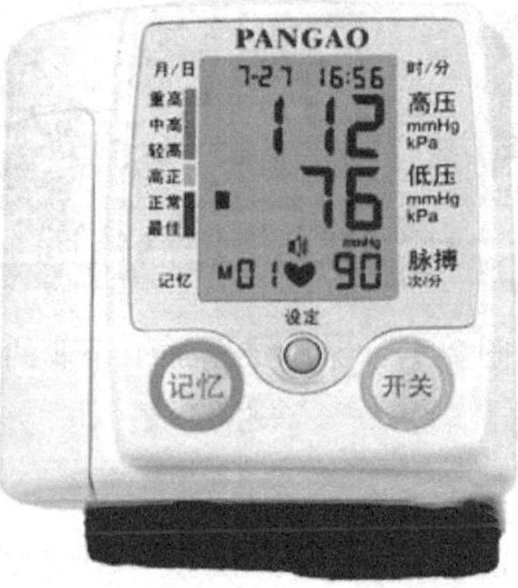

图 2-49　腕式血压计

图 2-50　绿色环保的心电记录分析仪

图 2-51 所示为离子注入康复治疗仪。康复治疗仪利用光、磁、电、热、离子和力等物理量帮助患有不同程度疾病的患者恢复健康。

4. 卫生防疫

卫生防疫系统是防疫疾病、病毒的主要手段，尤其在疫情爆发区域采取严格的防疫手段才能抗击疫情的扩散，为战胜疫情争取更多的时间。2014 年，在西非爆发了严重的埃博拉出血热疾病，导致 5000 余人丧生。人们研制出安全的防护服确保医护人员的安全，阻止病毒的扩散。

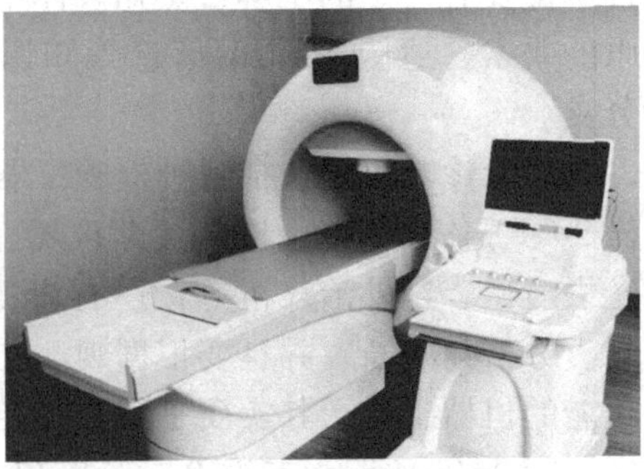

图 2-51　离子注入康复治疗仪

图2-52所示为穿着埃博拉防护服的工作者。这是一款成功阻止埃博拉病毒扩散的防护衣。它能够严格地隔绝埃博拉病毒的侵袭，保护医务人员与其他工作人员的安全。从图中不难看出，防护服是与外界严格隔离的，防护服要有氧气输入设备，有温度、湿度和气压的调控设备才能确保穿戴者的安全与舒适。调控设备需要传感器、检测器和控制系统，即需要测控技术的支持。

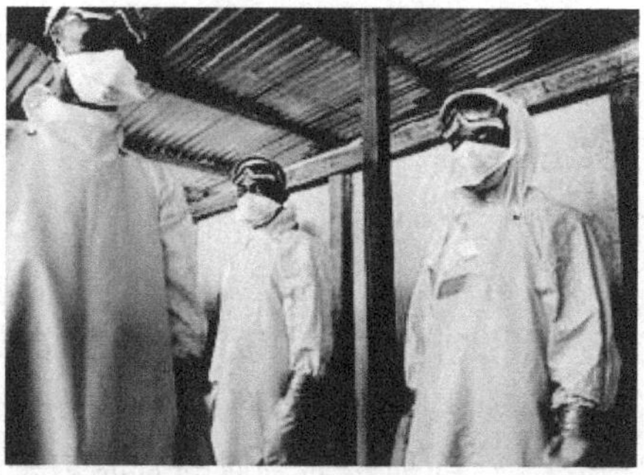

图2-52 穿着埃博拉防护服的工作者

2.2.10 在民生中的应用

科学技术的发展使人类生活水平迅速提高，生活用品越来越丰富，也越来越步入自动化、智能化，手机的普及量逐年提高，很多家用电器如音响、电视机、洗衣机、电冰箱、洗碗机、电饭煲等产品都是在测控技术的支持下升级换代的。

1. 民居

民居也随着测控技术的发展发生了更大的变化，“智能建筑”从概念的提出到标准的确立没有超过6年。

全国城市街道的“视频监控”普及量超过90%，可视对讲门禁系统安装普及率逐年上升。数字化社区的概念已经成为现实。图2-53为某楼宇的可视化对讲系统。每家室内安装的可视对讲室内机通过交换机发送至交换机堆叠，由交换机堆叠送给各种工作站和大楼门口的可视对讲门口机，由它控制门的开关。

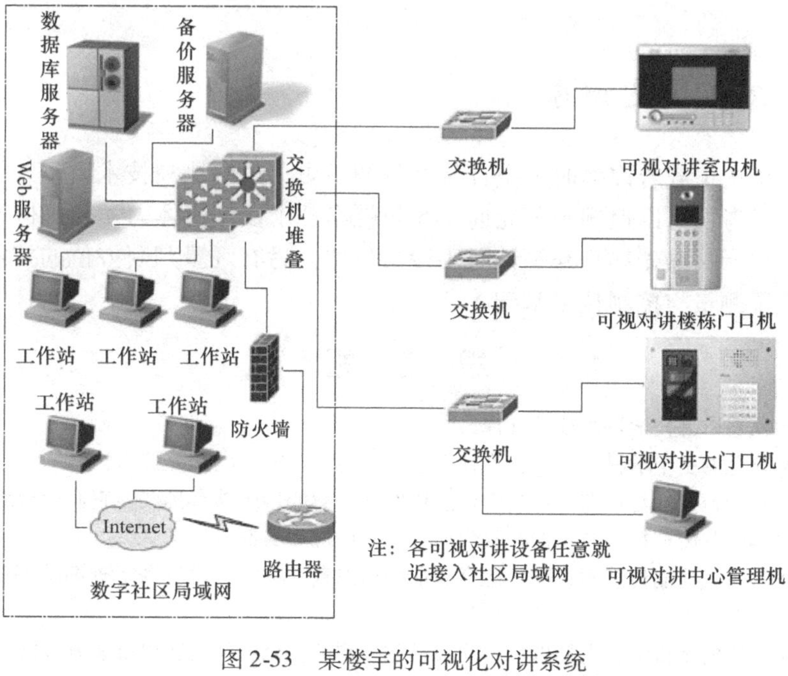

图2-53 某楼宇的可视化对讲系统

手机的功能越来越多，已经不再是过去移动电话机的概念，各种软件应用使得手机成为人类文明的象征，手机银行、手机客户终端、手机视频、手机遥控开关、手机相机、手机录像机、手机游戏机等，为人类生活带来极大的便利。手机技术的发展也脱离不了测控技术，是测控技术影响的领域之一。

2. 炊具

现代化为炊具带来很大的发展空间。图 2-54 所示为一款普通电磁炉。电磁炉前面操作面板上有很多控制键，用来调整电磁炉的“火量”，即发热功率，还有设置工作时间等控制键，可根据烧菜、做饭的具体情况进行具体的调整。这些控制功能是一般电磁炉普遍具有的。实现这些功能，都需要测控技术与仪器专业人才进行设计，需要测控技术的支持。

图 2-55 所示为普通的微波炉，也是现代炊具。它右侧为控制与显示面板。显示器显示操作信息和工作信息。下方控制面板利用图形与文字表述各种应用程序，做鱼、烧菜、做饭还是热水等操作程序，实质上微波炉控制系统是在嵌入式 CPU 的控制下完成各种功能的。

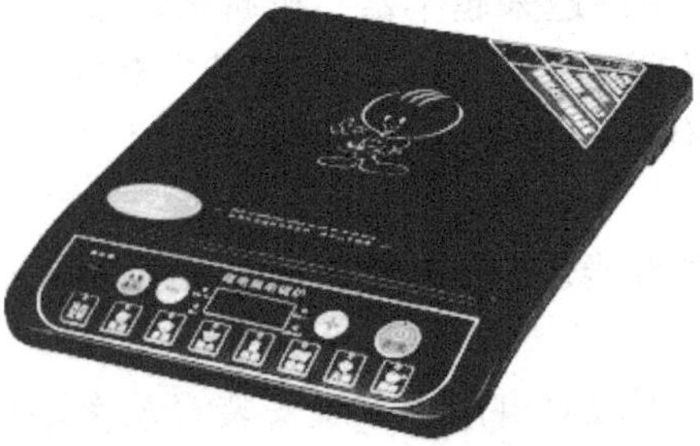

图 2-54　普通电磁炉

图 2-55　普通微波炉

还可以例举出多种智能炊具，如电饭煲、洗碗柜等。这些设备的设计与制造都必须有测控技术。

2.3　测控技术的历史渊源

人类文明的历史记载着许多时、空计量器具的历史，说明测控技术源于人类文明，伴随着人类文明。通过考古可以追溯到公元前 476 年就出现了依据流体力学和机械原理制造出的浑天仪、水运仪象台、漏壶和日晷等计时手段与仪器，另有观星判断方位的技术，有计量长度的方法。奠定了测量与控制技术基础。

思　考　题

1. 测控技术与仪器以哪些学科为技术支撑？
2. 测控技术与仪器的主干学科是什么？为什么它要学习光、机、电和算技术？
3. 传感器技术对测控技术与仪器专业的作用怎样？你了解的传感器有哪些？它们的功能是什么？
4. 试从网上收集一些测控技术与仪器在科学研究领域的应用实例。
5. 以人体的各种感官比喻传感器，哪些感官获取的信息量最大？试通过网络查询求证最大的信息量来自于眼睛。
6. 了解你经常使用的手机吗？它能以哪些途径接收外部的信息？又能够以哪些方式向外发送信息？

第3章　测量技术概述

“测控技术与仪器”专业中的“测控”包括“测量”和“控制”两部分内容，是本专业大学四年都需要学习的重要专业内容。在现代的科学体系中，测量已经被当作一个系统来研究。在本专业所涉及的测量中，很多需要通过传感器来实现，而传感器又有很多不同的类型，它们的工作原理也各不相同。传感器能输出各种信号，信号又通常可以分为模拟（以模拟电压或模拟电流输出）和模数（以数字量输出）两种方式。

本章只介绍测量技术的基本概念、传感器的基础知识、各类传感器及其工作原理以及信号处理的两种方式，这些都是“测控技术与仪器”专业的重要常识性内容。

3.1　测量技术的概念

机械制造中的测量技术，主要研究对零件几何参数进行测量和检验的问题，它是计量学的一个组成部分。同学们走上工作岗位后，如果从事机械加工或设计工作，测量技术也是必须要掌握的一门技术。

3.1.1　测量

测量，在中国国家计量技术规范《通用计量术语及定义》（JJF 1001—2011）中定义为，通过实验获得并可合理赋予某量一个或多个量值的过程。该定义包括两层含义：

1）测量是一个实验过程，即是从确定被测量及对测量的要求开始，开展选定测量原理和方法、选用测量标准和仪器设备、设计操作程序、规定测量条件、明确过程中的影响量、实施测量操作等工作，最后给出需要的测量结果。

2）测量是为了合理地赋予某量一个或多个量值，合理赋予表明测量要按需进行，即按照测量范围、不确定度等方面的要求设计和开展恰当的测量活动，如测量人体身高采用激光干涉仪，对于资源是极大的浪费，没有任何必要；另外，测量可以一次获得一个量值，也可以获得多个量值，即多参数测量，表明测量方法和手段是多样化的。通过测量获得被测对象相应的量值，使人们对物体、物质和自然现象属性的认识达到从定性到定量的转化。

简单地说，测量是指为确定被测量值而进行的一组操作过程。其实质是将被测的量 L 与具有计量单位的标准量 E 进行比较，从而确定比值 q 的过程，即 $q=L/E$。

因此，在被测量 L 一定的情况下，比值的大小完全取决于所采用的计量单位 E，而且是成反比关系。同时，它也说明计量单位的选择决定于被测量值所要求的精确程度，这样经比较而得的被测量值为 $L=qE$。

一个完整的测量过程应包括以下四个要素：

（1）测量对象

主要指几何量，包括长度、角度、表面形状和位置误差、表面粗糙度以及螺纹、齿轮的各种参数等。

（2）计量单位

长度的计量单位为米（m），在机械制造中常用毫米（mm）、微米（μm）为计量单位；角度单位是弧度（rad），实际使用中常以度（°）、分（′）、秒（″）为单位。

国际上规定长度基准计量单位为米（m），同时规定许多其他导出计量单位，导出计量单位都要以基准计量单位米来标定，例如 $1\text{mm} = 10^{-3}\text{m}$，$1\mu\text{m} = 10^{-6}\text{m}$，$1\text{nm} = 10^{-9}\text{m}$ 等。

质量、温度、湿度、热量、电量和光度量等都有相应的计量单位，也确定了基准计量单位和导出单位。

（3）测量方法

测量方法是指在进行测量时所采用的测量器具、测量原理和测量条件的总和。

（4）测量准确度

测量准确度是指测量结果与真值的一致程度。测量结果越接近真值，测量准确度越高；反之，则测量准确度越低。

3.1.2 测量技术

测量技术是指测量中所采用的原理、方法和技术措施。需要注意的是，对于某一测量对象，一般有多种测量技术可供选择，而某一种测量技术又往往可用于不同的测量对象。所以，对测量技术的基本要求是：保证测量准确度、高的测量效率和低的测量成本。结合测量技术，我们还可以通过测量结果分析零件的加工工艺，积极采取措施，避免废品的产生。

测量技术有多种分类的方法，常见的方法是按照测量的对象，测量技术一般可分为两类：

（1）直接测量技术

在测量中，无须通过与被测量成函数关系的其他量的测量而直接取得被测量值，如用螺旋测微器测量轴的直径、用电压表直接测量电压。其测量不确定度主要取决于测量器具的不确定度，在一般测量中普遍采用。

（2）间接测量技术

在测量中，通过对与被测量成函数关系的其他量的测量而取得被测量值。如通过测量电阻 R 两端的电压 U 和流经电阻 R 的电流 I，然后利用 $R = U/I$ 的关系求得电阻值。其测量不确定度分量的数目要多一些，一般在被测量不便于直接测量时采用。

在测量的过程中，我们还会遇到测量误差和测量不确定度的内容。

由于计量器具本身的误差以及测量方法和测量条件的限制，任何一次测量的测得值都不可能是被测几何量的真值，两者存在着差异。这种差异在数值上则表现为测量误差。测量误差有绝对误差和相对误差两种形式，其来源也分为多种，同学们在以后的学习中都会学习到。

测量不确定度是指测量结果变化的不肯定程度，合理地赋予被测量之值的分散性。它是表征被测量真值在某个量值范围内的一个估计。测量结果应理解为被测量之值的最佳估计。

3.1.3 测量系统

测量系统是用来对被测特性定量测量或定性评价的仪器或量具、标准、操作、方法、夹具、软件、人员、环境和假设的集合，用来获得测量结果的整个过程。

（1）测量系统的目的

确定所使用的数据是否可靠；评估新的测量仪器；将两种不同的测量方法进行比较；对可能存在问题的测量方法进行评估；确定并解决测量系统误差问题。

（2）测量系统的组成

量具是任何用来获得测量结果的装置。一个完整的测量系统，是量具、测量人员、被测量工件、程序、方法等的交互作用。

（3）理想的测量系统

理想的测量系统在每次使用时，应只产生“正确”的测量结果。每次测量结果总应该与一个标准值相符。一个能产生理想测量结果的测量系统，应具有零方差、零偏倚和所测的任何产品错误分类为零概率的统计特性。

（4）测量系统所应具有的统计特性

1）测量系统必须处于统计控制中，这意味着测量系统中的变差只能是由于普通原因而不是由于特殊原因造成的。这可称为统计稳定性。

2）测量系统的变差必须比制造过程的变差小。

3）变差应小于公差带。

4）测量准确度应高于过程变差和公差带两者中准确度较高者，一般来说，测量准确度是过程变差和公差带两者中准确度较高者的1/10。

5）测量系统统计特性可能随着被测项目的改变而变化。若真的如此，则测量系统的最大的变差应小于过程变差和公差带两者中的较小者。

（5）测量系统分析的标准

1）国家标准。

2）第一级标准（连接国家标准和私人公司、科研机构等）。

3）第二级标准（从第一级标准传递到第二级标准）。

4）工作标准（从第二级标准传递到工作标准）。

国家、行业和企业都会制定相应的标准，一般来说，企业标准要严于行业标准，行业标准要严于国家标准。

3.2 传感器

2012年8月8日，谷歌宣布其研发改装的无人自动驾驶汽车已成功行驶30万mile（约合48.3万km）。期间，所有驾驶控制均由计算机自动完成，整个行驶记录中无任何意外事故发生。“自动驾驶汽车”是谷歌史上最大胆的实验项目，如图3-1所示为谷歌无人自动驾驶汽车行走在旷野的场景。

我国在无人驾驶汽车方面也做了大量的研发工作，早在2011年7月14日，由国防科技大学与第一汽车制造厂共同研制的红旗HQ3无人驾驶汽车首次完成了从长沙到武汉286km的高速公路上全程无人驾驶的运行实验，创造了我国自主研制的无人驾驶汽车在复杂交通状况下行驶的新纪录，标志着我国无人驾驶汽车新的技术突破，已经达到世界先进水平。图3-2所示为我国红旗HQ3无人自动驾驶汽车。

图 3-1　谷歌无人自动驾驶汽车

图 3-2　我国红旗 HQ3 无人自动驾驶汽车

无人自动驾驶汽车之所以能安全行驶这么长的里程，安装在汽车上的各种传感器功不可没。如今，从手机到汽车，从光线感应灯到电饭煲，从地震探测到航空航天，各种传感器层出不穷，极大地促进了科技的发展和社会的进步。

3.2.1　传感器的定义

传感器（Sensor）是一种检测装置，能感受到被测量的信息，并能将感受到的信息，按一定规律变换成电信号或其他所需形式的信息输出，以满足信息的传输、处理、存储、显示、记录和控制等要求。图 3-3 所示为一些常见的部分传感器的外形图，它是实现自动检测和自动控制的重要部件，它是承担着监测、检查和提取仪器设备、位置、形态、温度、压力与温度等物理量的重要装置。

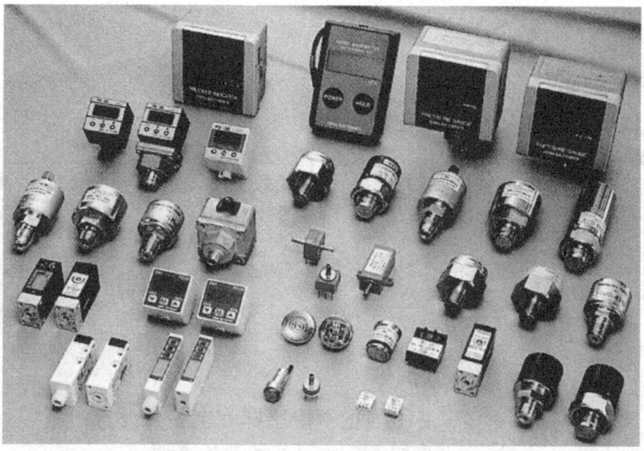

图 3-3　常见的部分传感器的外形图

国家标准 GB/T 7665—2005 对传感器的定义是："能感受规定的被测量件并按照一定的规律（数学函数法则）转换成可用信号的器件或装置，通常由敏感元件和转换元件组成"。

3.2.2　传感器的构成

传感器由敏感元件、转换元件和其他辅助部件组成。

敏感元件指传感器中能直接感受（或响应）与检测出被测对象的待测信息（非电量）的元件，如机械类传感器中的弹性元件。

转换元件指传感器能将敏感元件所感受（或响应）的信息转换成电信号的部分。例如，应变式压力传感器由弹性膜片和电阻应变片组成，其中电阻应变片就是转换元件。

其他辅助部件通常包括电源，如交流、直流系统。

值得注意的是，有些传感器的敏感元件和转换元件是二者合一的，如热电偶、压力晶体、光敏器件。

3.2.3　传感器的分类原则

传感器的种类按照其工作原理可划分为电化学传感器、电量传感器、电阻式传感器、称重传感器、温度传感器、位移传感器、压力传感器和液位传感器等。

具体传感器种类特点如下。

1. 电化学传感器

电化学传感器通过与被测气体发生反应并产生与气体体积分数成正比的电信号来工作，可分为一氧化碳传感器、二氧化氮传感器和甲醛传感器等。随着科技的发展，新技术不断应用在传感器上，氧气传感器、固态电化学传感器也相继面世。图 3-4a 就是一种常用的电化学传感器和电量传感器。

2. 电量传感器

图 3-4b 所示为常用的电量传感器。电量传感器是一种将被测电量参数（如电流、电压、功率、频率和功率因数等信号）转换成直流电流、直流电压并隔离输出模拟信号或数字信号的装置。

a)

b)

图 3-4　常用的电化学传感器和电量传感器

a）电化学传感器　b）电量传感器

3. 电阻式传感器

电阻式传感器是将被测量，如位移、形变、力、加速度、湿度、温度等这些物理量转换成电阻值的一种器件，主要有电阻应变式、压阻式、热电阻、热敏、气敏、湿敏等电阻式传感器件。图 3-5 是常见的电阻应变传感器外形图。

4. 称重传感器

图 3-6 所示为对压力敏感的传感器，也称称重用压力传感器。称重传感器是一种能够将重力转变为电信号的力、电转换装置，是电子衡器的一个关键部件。能够实现力→电转换的传感器有多种，常见的有电阻应变式、电磁力式和电容式等。电磁力式主要用于电子天平，电容式用于部分电子吊秤，而绝大多数衡器产品所用的还是电阻应变式称重传感器。电阻应变式称重传感器结构简单，准确度高，适用面广，且能够在相对恶劣的环境下使用。

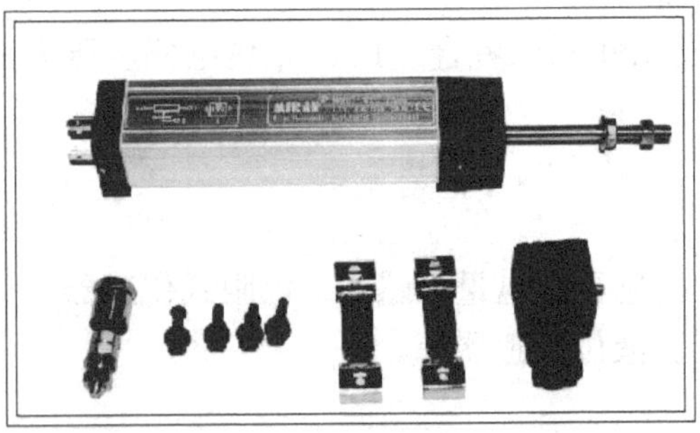

图 3-5　电阻应变传感器外形图

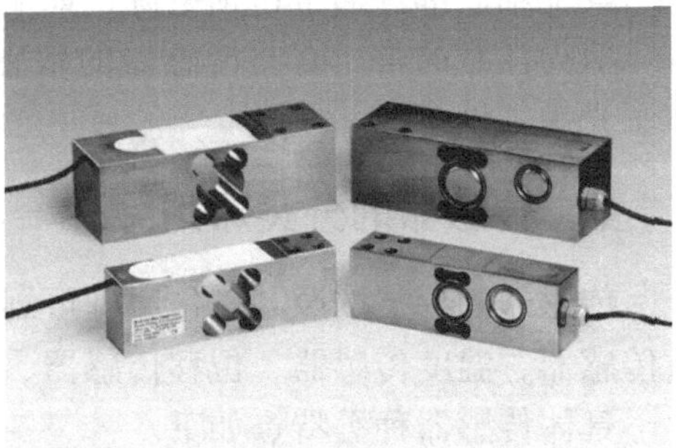

图 3-6　称重用压力传感器

5. 温度传感器

图 3-7 所示为能够将温度转换成电量的几款温度传感器外形图。温度传感器的种类很多，现在经常使用的有热电阻式和热电偶式等，根据测量对象的不同，又可分为室温管温传感器、排气温度传感器和模块温度传感器等。

温度传感器的测温原理如下：根据电阻阻值、热电偶的电动势随温度不同发生有规律的变化的原理，可以得到所需要测量的温度值。

温度传感器不但种类繁多，而且组合形式多样，应根据不同的场所选用合适的产品。

6. 位移传感器

图 3-8 所示为能够将位移量转换为电量的传感器，称为位移传感器。位移传感器又称为线性传感器。位移传感器是一种属于金属感应的线性器件，传感器的作用是把各种被测物理量转换为电量，它分为电感式位移传感器、电容式位移传感器、光电式位移传感器、超声波式位移传感器和霍尔式位移传感器等。

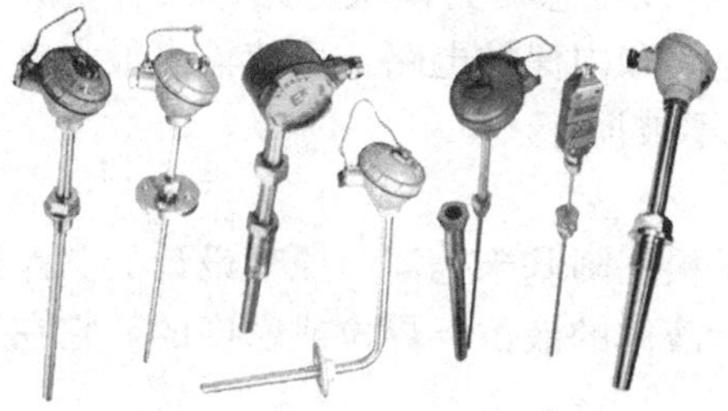

图 3-7　几款温度传感器外形图

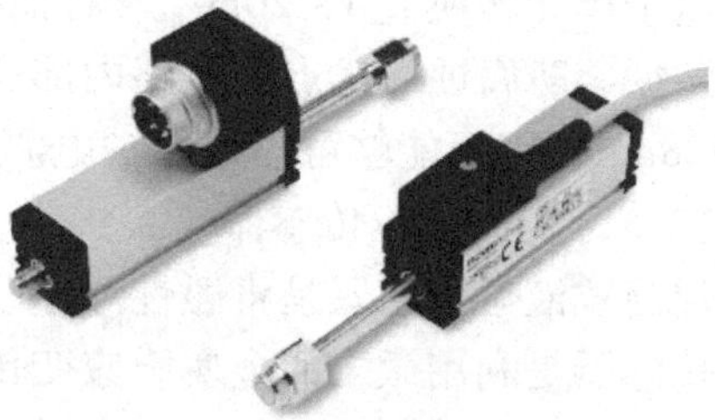

图 3-8　位移传感器外形图

在这种转换过程中有许多物理量（如压力、流量、加速度等）常常需要先变换为位移，然后再将位移变换成电量。因此位移传感器是一类重要的基本传感器。

在生产过程中，位移的测量一般分为测量实物尺寸和机械位移两种。机械位移包括线位移和角位移。按被测变量变换的形式不同，位移传感器可分为模拟式和数字式两种。模拟式又可分为物性型（如自发电式）和结构型两种。常用位移传感器以模拟式结构型居多，包括电位器式位移传感器、电感式位移传感器、自整角机、电容式位移传感器、电涡流式位移传感器和霍尔式位移传感器等。数字式位移传感器的一个重要优点是便于将信号直接送入计算机系统。这种传感器发展迅速，应用日益广泛。

7. 压力传感器

压力传感器是工业实践中最为常用的一种传感器，广泛应用于各种工业自控环境，涉及水利水电、铁路交通、智能建筑、生产自控、航空航天、军工、石化、油井、电力、船舶、机床、管道等众多行业。图 3-9 是一种常见的气压、液压传感器外形图，配备数字显示系统，可以直接读出压力值。

8. 液位传感器

图 3-10 所示为多种液位传感器外形图，根据它们的功能可以分为如下几类：

图 3-9　气压、液压传感器外形图

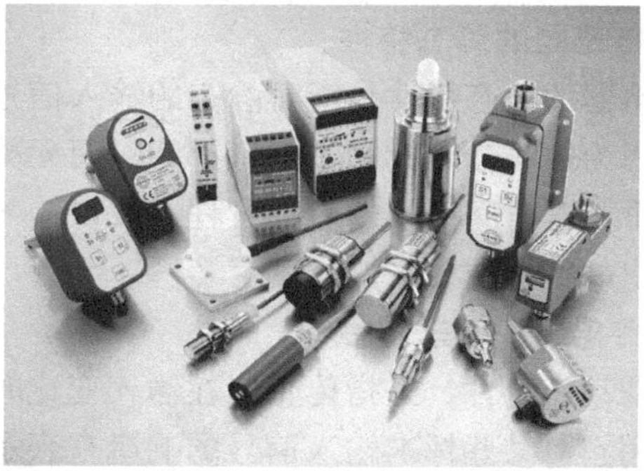

图 3-10　多种液位传感器外形图

(1) 浮球式液位传感器

浮球式液位传感器由磁性浮球、测量导管、信号单元、电子单元、接线盒及安装件组成。

一般磁性浮球的相对体积质量小于0.5，可漂于液面之上并沿测量导管上下移动。导管内装有测量元件，它可以在外磁作用下将被测液位信号转换成正比于液位变化的电阻信号，并将电子单元转换成4～20mA或其他标准信号输出。该传感器为模块电路，具有耐酸、防潮、防振、防腐蚀等优点，电路内部含有恒流反馈电路和内保护电路，可使输出最大电流不超过28mA，因而能够可靠地保护电源并使二次仪表不被损坏。

(2) 浮筒式液位传感器

浮筒式液位传感器是将磁性浮球改为浮筒，它是根据阿基米德浮力原理设计的。浮筒式液位传感器是利用微小的金属膜应变传感技术来测量液体的液位、界位或密度的。它在工作时可以通过现场按键来进行常规的设定操作。

(3) 静压或液位传感器

该传感器利用液体静压力的测量原理工作。它一般选用硅压力测压传感器将测量到的压力转换成电信号，再经放大电路放大和补偿电路补偿，最后以4～20mA或0～10mA电流方式输出。

目前，我国在低端的温度、湿度等传感器方面取得了一些进展，但是在比较高端的传感器方面，尤其是那种将感知、传输和处理集成到小尺寸芯片中的高端微机电系统方面，和国外相比仍有较大差距。国产的传感器芯片已广泛使用在公交卡、酒店的房卡，以及手机近场通信（Near Field Communication，NFC）支付等领域，在高频和超高频等高端芯片领域尚处空白，有待进一步的技术突破。

传感器领域发展遇阻，也对我国未来一段时间如火如荼发展的物联网产业造成相当大的困扰，如果用国外产品，就像在国防领域的计算上装国外的操作系统一样，可能存在安全隐患。

为了打破这种局面，本专业的同学更需要努力学习、开拓创新，为我国传感器技术的发展和革新做出自己的贡献。

3.2.4 传感器的技术指标

传感器的技术指标有静态特性、动态特性、线性度、灵敏度、分辨力等。

1. 传感器的静态特性

传感器的静态特性是指对静态的输入信号，传感器的输出量与输入量之间所具有的相互关系。因为这时输入量和输出量都和时间无关，所以它们之间的关系，即传感器的静态特性可用一个不含时间变量的代数方程，或以输入量作为横坐标，把与其对应的输出量作为纵坐标而画出的特性曲线来描述。

2. 传感器的动态特性

所谓动态特性，是指传感器在输入变化时它的输出特性。在实际工作中，传感器的动态特性常用它对某些标准输入信号的响应来表示。这是因为传感器对标准输入信号的响应容易用实验方法求得，并且它对标准输入信号的响应与它对任意输入信号的响应之间存在一定的关系，往往知道了前者就能推定后者。最常用的标准输入信号有阶跃信号和正弦信号两种，所以传感器的动态特性也常用阶跃响应和频率响应来表示。

3. 传感器的线性度

通常情况下，传感器的实际静态特性输出是条曲线而非直线。在实际工作中，为使仪表具有均匀刻度的读数，常用一条拟合直线近似地代表实际的特性曲线，线性度（非线性误差）就是这个近似程度的一个性能指标。拟合直线的选取有多种方法。如将零输入和满量程输出点相连的理论直线作为拟合直线；或将与特性曲线上各点偏差的二次方和为最小的理论直线作为拟合直线，此拟合直线称为最小二乘法拟合直线。

4. 传感器的灵敏度

灵敏度是指传感器在稳态工作情况下输出量变化 Δy 对输入量变化 Δx 的比值。它是输出-输入特性曲线的斜率。如果传感器的输出和输入之间呈线性关系，则灵敏度 S 是一个常数。否则，它将随输入量的变化而变化。灵敏度的量纲是输出、输入量的量纲之比。例如，某位移传感器，在位移变化1mm时，输出电压变化为200mV，则其灵敏度应表示为200mV/mm。当传感器的输出、输入量的量纲相同时，灵敏度可理解为放大倍数。提高灵敏度，可得到较高的测量准确度。但灵敏度越高，测量范围越窄，稳定性也往往越差。

5. 传感器的分辨力

分辨力是指传感器可能感受到的被测量的最小变化的能力。也就是说，如果输入量从某一非零值缓慢地变化，当输入变化值未超过某一数值时，传感器的输出不会发生变化，即传感器对此输入量的变化是分辨不出来的。只有当输入量的变化超过分辨力时，其输出才会发生变化。通常传感器在满量程范围内各点的分辨力并不相同，因此常用满量程中能使输出量产生阶跃变化的输入量中的最大变化值作为衡量分辨力的指标。上述指标若用满量程的百分比表示，则称为分辨率。

3.2.5 传感器的应用原则

面对各种各样的传感器，它们的用途不一，使用环境各异，其应用原则有以下几点。

1. 传感器的灵敏度

传感器的灵敏度越高，可以感知越小的变化量，即被测量稍有微小变化时，传感器即有较大的输出。但灵敏度越高，与测量信号无关的外界噪声也越容易混入，并且噪声也会被放大。因此，对传感器往往要求有较大的信噪比。

传感器的量程范围是和灵敏度紧密相关的参数。当输入量增大时，除非有专门的非线性校正措施，传感器不应在非线性区域工作，更不能在饱和区域内工作。有些需在较强的噪声干扰下进行的测试工作，被测信号叠加干扰信号后也不应进入非线性区。因此，过高的灵敏度会影响其适用的测量范围。

如被测量是一个向量，则传感器在被测量方向的灵敏度越高越好，而横向灵敏度越小越好；如果被测量是二维或三维向量，那么对传感器还应要求交叉灵敏度越小越好。

2. 传感器的线性范围

任何传感器都有一定的线性范围，在线性范围内输出与输入成比例关系。线性范围越宽，则表明传感器的工作量程越大。

为了保证测量的准确度，传感器必须在线性区域内工作。例如，机械式传感器的弹性元件，其材料的弹性极限是决定测量量程的基本因素。当超过弹性极限时，将产生非线性误差。

然而，任何传感器都不容易保证其绝对线性，在某些情况下，在许可限度内，也可以在其近似线性区域应用。例如，变极距型电容、电感传感器，均采用在初始间隙附近的近似线性区内工作。选用时必须考虑被测物理量的变化范围，令其非线性误差在允许范围以内。

3. 传感器的响应特性

传感器的响应特性必须在所测频率范围内尽量保持不失真。但实际传感器的响应总有迟延，但迟延时间越短越好。

一般光电效应、压电效应等物性型传感器，响应时间小，可工作频率范围宽。而结构型传感器，如电感、电容、磁电式传感器等，由于受到结构特性的影响，往往由于机械系统惯性的限制，其固有频率低。

在动态测量中，传感器的响应特性对测试结果有直接影响，在选用时，应充分考虑到被测物理量的变化特点（如稳态、瞬变、随机等）。

4. 传感器的稳定性

传感器的稳定性是经过长期使用以后，其输出特性不发生变化的性能。影响传感器稳定性的因素是时间与环境。

为了保证稳定性，在选用传感器之前，应对使用环境进行调查，以选择合适的传感器类型。例如电阻应变式传感器，湿度会影响其绝缘性，温度会影响其零漂，长期使用会产生蠕变现象。又如，对于变极距型电容传感器，环境湿度或油剂浸入间隙时，会改变电容器介质。光电传感器的感光表面有灰尘或水泡时，会改变感光性质。对于磁电式传感器或霍尔效应元件等，当它们在电场、磁场中工作时，亦会带来测量误差。滑线电阻式传感器表面有灰尘时，将会引入噪声。

在有些机械自动化系统中或自动检测装置中，所用的传感器往往是在比较恶劣的环境下工作，其灰尘、油剂、温度、振动等干扰是很严重的。这时传感器的选用，必须优先考虑稳定性因素。

5. 传感器的准确度

传感器的准确度表示传感器的输出与被测量的对应程度。因为传感器处于测试系统的输入端，因此，传感器能否真实地反映被测量，对整个测试系统具有直接影响。

然而，传感器的准确度也并非越高越好，因为还要考虑到经济性。传感器准确度越高，价格越昂贵，因此应从实际出发来选择。

首先应了解测试目的，是定性分析还是定量分析。如果属于相对比较性的试验研究，只需获得相对比较值即可，那么对传感器的准确度要求可低些。然而对于定量分析，为了必须获得准确量值，因而要求传感器应有足够高的准确度。

6. 传感器其他应用原则

传感器在实际测试条件下的工作方式，也是选用传感器时应考虑的重要因素。因为测量条件不同，对传感器要求也不同。

在机械系统中，运动部件的被测参数（例如回转轴的转速、振动、扭矩），往往需要非接触式测量。因为对部件的接触式测量不仅造成对被测系统的影响，且有许多实际困难，如测量头的磨损、接触状态的变动，信号采集等都不易妥善解决，也易于造成测量误差。采用电容式、涡流式等非接触式传感器，会有很大方便。若选用电阻应变计时，则还需配用遥测应变仪。

另外，为实现自动化过程的控制与检测系统，往往要求真实性与可靠性。因此必须在现场实际条件下才能达到检测要求，因而对传感器及测试系统都有一定特殊要求。例如，在加工过程中，若要实现表面粗糙度的检测，以往的干涉法、触针式轮廓检测法等都不能应用，而代之以激光检测法。

3.3　传感器的基本工作原理

3.3.1　电阻式传感器

电阻式传感器是将非电量变化转换为电阻变化的传感器，通过对电阻变化量的测量，达到对非电量电测的目的。电阻式传感器的种类很多，主要有电阻应变式、压阻式、热电阻式、电位器式、气敏式和湿敏式等。

电阻应变式传感器是一种能够将试件上应变的变化转换为电阻变化的传感器。它不但可以测量应力和应变，而且可以测量各种静态和动态的力学量，如力、扭矩、加速度等参数。电阻应变式传感器由在弹性元件上粘贴电阻应变片构成，当弹性元件感受被测物理量作用时，弹性元件将产生位移、应力和应变，粘贴在弹性元件上的电阻应变片的电阻值将随着弹性元件的应变而相应变化。通过测量电阻应变片的电阻值变化，可以用来测量位移、加速度、力、力矩等各种参数。

3.3.2　电感式传感器

电感式传感器是基于电磁感应原理，将被测非电量（如位移、压力、振动等）转换为电感量变化的一种结构型传感器。电感式传感器种类很多，常见的有自感式、互感式和涡流式三种。

电感式传感器用作发信装置，可非接触检测金属物体的运动，并将检测结果转化为电信号输出，广泛应用于机器人、生产线、机械加工及传送系统等场合。

自感式传感器是由铁心和线圈构成的将直线或角位移的变化转换为线圈电感量变化的传感器，又称电感式位移传感器。这种传感器的线圈匝数和材料磁导率都是一定的，其电感量的变化是由位移输入量导致线圈磁路的几何尺寸变化而引起的。

自感式电感传感器可分为变间隙型、变面积型和螺管型三种类型。在实际应用中，这三种传感器多制成差动式，以便提高线性度和减小电磁吸力所造成的附加误差。

3.3.3　电磁式传感器

电磁式传感器全称是磁电感应式传感器，又称磁电式传感器，是利用电磁感应原理将被测量（如振动、位移、转速等）转换成电信号的一种传感器。它不需要辅助电源就能把被测对象的机械量转换成易于测量的电信号，是有源传感器。由于它输出功率大且性能稳定，具有一定的工作带宽（10～1000Hz）所以得到普遍应用。

图3-11所示为一款变磁通式磁电式传感器结构图，用来测量旋转物体的角速度。磁电式传感器结构有变磁通式和恒磁通式两种。恒磁通式磁电传感器一般由永久磁铁、线圈、弹簧等组成。

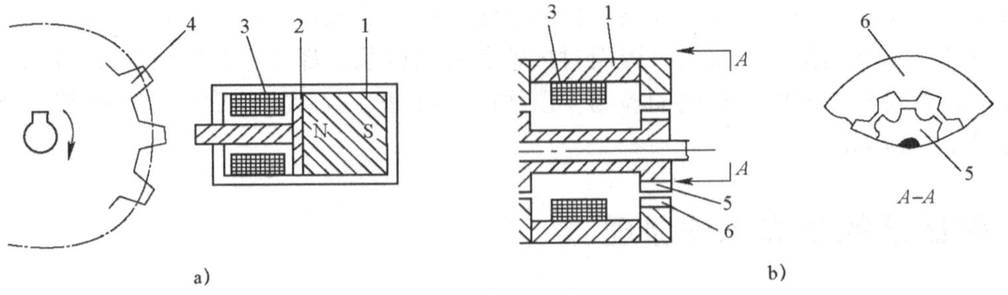

图 3-11　变磁通式磁电式传感器结构图

1—永久磁铁　2—软磁铁　3—感应线圈　4—测量齿轮　5—内齿轮　6—外齿轮

a）开磁路变磁通式　b）闭磁路变磁通式

图 3-11a 为开磁路变磁通式，线圈、磁铁静止不动，测量齿轮安装在被测旋转体上，随之一起转动。每转动一个齿，齿的凹凸引起磁路磁阻变化一次，磁通也就变化一次，线圈中产生感应电动势，其变化频率等于被测转速与测量齿轮齿数的乘积。这种传感器结构简单，但输出信号较小，且因高速轴上加装齿轮较危险而不宜测量高转速。

图 3-11b 为闭磁路变磁通式，它由装在转轴上的内齿轮和外齿轮、永久磁铁和感应线圈组成，内、外齿轮齿数相同。当转轴连接到被测转轴上时，外齿轮不动，内齿轮随被测轴而转动，内、外齿轮的相对转动使气隙磁阻产生周期性变化，从而引起磁路中磁通的变化，使线圈内产生周期性变化的感应电动势。显然，感应电动势的频率与被测转速成正比。

3.3.4　电容式传感器

电容式传感器是将被测非电量的变化转换为电容量变化，再经信号转换电路转换为电压、电流或频率的一种传感器。它结构简单、体积小、分辨率高，发热影响小，动态响应快，可非接触式测量，并能在高温、辐射和强烈振动等恶劣条件下工作，广泛应用于压力、差压、液位、料位、振动、角度、位移、加速度和成分含量等多方面测量。随着电容测量技术的迅速发展，电容式传感器在非电量测量和自动检测中得到了广泛的应用。

以平板电容器为例来说明电容式传感器的工作原理。当忽略边缘效应时，平板电容器的电容为

$$C=\frac{\varepsilon A}{d}=\frac{\varepsilon_r\varepsilon_0 A}{d}$$

在 A、d、ε 三个参量中，改变其中任意一个量，均可使电容量 C 改变。也就是说，电容量 C 是 A、d、ε 的函数，这就是电容式传感器的基本工作原理。

按照将机械位移转变为电容变化的基本原理，可将电容式位移传感器的基本结构形式分为变面积式、变极距式和变介电常数式三类。这三种类型又可按位移的形式分为线位移和角位移两种。每一种又依据传感器的形状分成平板型和圆筒型两种。

一般变极距式电容传感器的起始电容为 20～100pF，极板间距离为 20～200μm，最大位移应小于间距的 1/10～1/4，故在微位移测量中应用最广。

3.3.5　压电式传感器

压电式传感器的工作原理是基于某些介质材料的压电效应，是典型的有源传感器。当材

料受力作用而变形时，其表面会有电荷产生，从而实现非电量测量。压电式传感器具有体积小、重量轻、工作频带宽等特点，因此在各种动态力、机械冲击与振动的测量，以及声学、医学、力学、宇航等方面都得到了非常广泛的应用。

某些电介质，当沿着一定方向对其施力而使它变形时，其内部就产生极化现象，同时在它的两个表面上便产生符号相反的电荷，当外力去掉后，又重新恢复到不带电状态，这种现象称为压电效应。当作用力方向改变时，电荷的极性也随之改变。有时人们把这种机械能转为电能的现象，称为正压电效应。相反，当在电介质极化方向施加电场，这些电介质也会产生变形，这种现象称为逆压电效应（电致伸缩效应）。具有压电效应的材料称为压电材料，压电材料能实现机-电能量的相互转换，压电效应的可逆性如图 3-12 所示，为能够实现机-电能量相互转换的原理图，表明机械能量变化可以转换成电量输出，也可以进行逆变化，把电量转换成机械量。

图 3-13 所示为压电式单向测力传感器的结构图，它主要由石英晶片、绝缘套、电极、上盖及基座等组成。

图 3-12　压电效应的可逆性

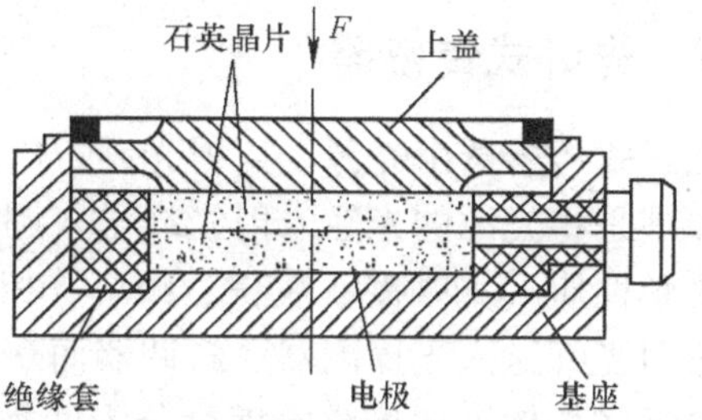

图 3-13　压电式单向测力传感器的结构图

3.3.6　热电式传感器

温度是一个重要的基本物理参数，自然界中任何物理、化学过程都紧密地与温度相联系，在很多生产过程中，温度测量和控制都直接和安全生产、保证质量、提高生产效率、节约能源等重大经济技术指标相联系，因此在国民经济各个领域中都受到了相当的重视。温度可以利用物体的某些物理性质，如电动势、电阻等随着温度变化的特征进行测量。

热电式传感器是一种将温度变化转化为电量变化的传感器，它利用测温敏感元件的电参数随温度变化的特性，通过测量电量变化来检测温度。具体地说就是将温度变化转化为电量变化并输出的装置，如将温度转化为电阻、电动势或磁导率等变化，再通过适当的测量电路就可由这些电参数的变化来表达所测温度的变化。

热电偶传感器基于热电效应原理，是一种将温度的变化转换为电动势变化的传感器。热电偶传感器是工业上应用最广泛的温度传感器，具有结构简单、使用方便、准确度高、测量范围宽、热惯性小、稳定性好等优点，有耐高温、适于信号的远距离传输等特点，在工业生产的自动控制系统中占有重要地位。

3.3.7　光电式传感器

光电式传感器技术是先把被测量的变化转换成光信号的变化，再通过光敏器件将光信号的变化转换为电信号的一种传感器。

图3-14所示为光电式传感器的原理框图。它一般由光源、光路、光敏器件及其测量电路三部分组成。被测量作用于光源或者光学通路，从而引起光量的变化。

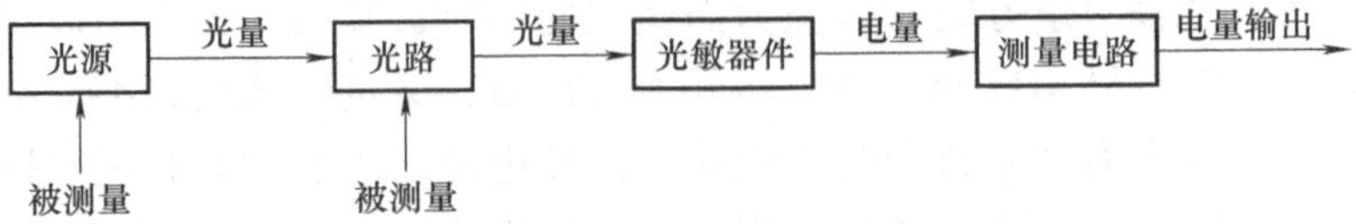

图3-14 光电式传感器的原理框图

光电式传感器具有频谱宽、不易受电磁干扰的影响、非接触式测量、响应快、可靠性高等优点。随着激光、光纤、电荷耦合器件（CCD）技术的发展，光电式传感器在自动检测、计算机和控制系统中得到了广泛的应用。

光敏器件是将光信号转换为电信号的一种器件，它是构成光电式传感器最主要的部件。光敏器件工作的物理基础是光电效应，光电效应分为外光电效应和内光电效应两大类。

3.3.8 光纤式传感器

光纤式传感器由光源、入射光纤、出射光纤、光调制器、光探测器以及解调器组成。其基本原理是将光源的光经入射光纤送入调制区，光在调制区内与外界被测参数相互作用，使光的光学性质（如强度、波长、频率、相位、偏正态等）发生变化而成为被调制的信号光，再经出射光纤送入光探测器、解调器而获得被测参数。

光纤式传感器按传感原理可分为两类：一类是传光型（非功能型）传感器，另一类是传感型（功能型）传感器。在传光型光纤传感器中，光纤仅作为光的传输媒质，对被测信号的感觉是靠其他敏感元件来完成的，这种传感器中出射光纤和入射光纤是不连续的，两者之间的调制器是光谱变化的敏感元件或其他性质的敏感元件。在传感型光纤传感器中光纤兼有对被测信号的敏感及光信号的传输作用，将信号的“感”和“传”合二为一，因此这类传感器中光纤是连续的。

由于这两种传感器中光纤所起的作用不同，对光纤的要求也不同。在传光型传感器中，光纤只起传光的作用，采用通信光纤甚至普通的多模光纤就能满足要求，而敏感元件可以很灵活地选用优质的材料来实现，因此这类传感器的灵敏度可以做得很高，但需要较多的光耦合器件，结构较复杂；传感型光纤传感器的结构相对来说比较简单，可少用一些耦合器件，但对光纤的要求较高，往往需采用对被测信号敏感、传输特性又好的特殊光纤。到目前为止，实际中大多数采用前者，但随着光纤制造工艺的改进，传感型光纤传感器也必将得到广泛的应用。

按光在光纤中被调制的原理不同，光纤传感器可分为强度调制型、相位调制型、偏振态调制型、频率调制型和波长调制型等。迄今为止，光纤传感器能够测定的物理量已达七十多种。

3.3.9 霍尔式传感器

霍尔式传感器是利用霍尔效应原理将被测量（如电流、磁场、位移及压力等）转换成电动势的一种传感器。霍尔元件是其核心，因而霍尔式传感器是由霍尔元件及相关测量电路共同构成的一种测量装置。它可以直接测量磁场及微位移量，也可以间接测量液位高低、压力大小等工业生产过程参数。

若将某载流体垂直置于磁场中，当垂直磁场方向上有电流流过时，在垂直于电流和磁场的方向将产生电场，这一物理现象称为霍尔效应，所产生的电动势称为霍尔电动势。

霍尔效应原理如图3-15所示，一块长为l、宽为W、厚为d的N型半导体薄片，位于磁感应强度为B的磁场中，B垂直于平面，沿l通电流I，N型半导体的载流子将受到B产生的洛伦兹力F_B的作用。

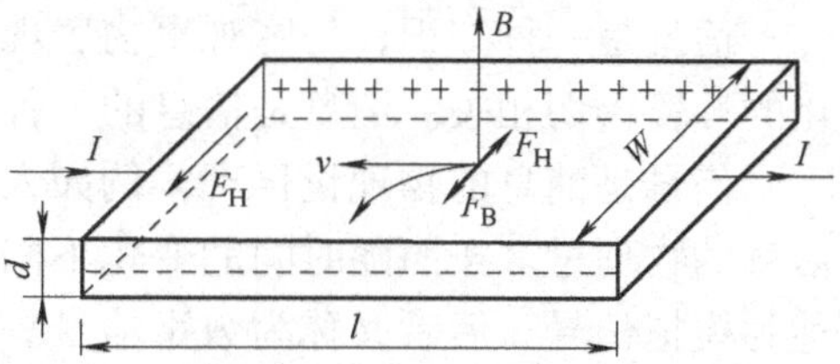

图3-15 霍尔效应原理

在力F_B的作用下，电子向半导体片的一个侧面偏转，在该侧面上形成电子的积累，而在相对的另一侧面上因缺少电子而出现等量的正电荷。因此在前后端面间形成霍尔电场E_H，积累越多，此电场越强。该电场产生的电场力F_H会阻止形成电流的其他电子继续偏转而积累。因此，当电子所受电场力和洛伦兹力相等时，电荷的积累达到动态平衡，即$F_B=F_H$，依据此原理，便可求出各项参数。

制造霍尔元件的材料主要有锗（Ge）、硅（Si）、砷化铟（InAs）、锑化铟（InSb）等。

3.3.10 谐振式传感器

谐振式传感器，是指利用谐振原理将被测量变化转换成谐振频率变化的传感器。谐振式传感器的工作原理是，如果振子受力或其中的介质质量等发生变化，则导致振子的等效刚度或等效振动质量发生变化，从而使其谐振频率发生变化。

基于谐振技术的谐振式传感器，自身为周期信号输出（准数字信号），只用简单的数字电路即可转换为微处理器容易接收的数字信号。谐振式传感器的重复性、分辨率和稳定性等非常优良，又便于和微处理器直接结合组成数字控制系统，是当今人们研究的重点。

谐振式传感器又可分为振弦式、振膜式、振筒式和压电式等。

3.4 信号处理方式

传感器实现了信号的检测，传感器常由敏感元件和转换元件组成，敏感元件的功能是检测出信号，转换元件的功能是把检测出的信号转变成计算机或人类便于接受的形式。

信号的检测与转换过程如图3-16所示。

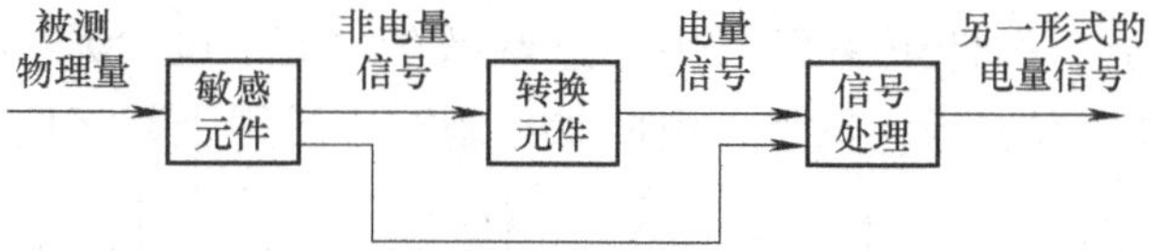

图3-16 信号检测与转换过程图示

信号处理是对信号进行提取、变换、分析、综合等处理过程的统称。

主要包括：

1）分离信号和噪声，提高信噪比。

2）从信号中提取有用的特征信息。

3）修正测试系统的某些误差，如传感器的线性误差、温度影响等。

4）把信号转变为易于输出、传输的信号，如信号放大、调制和解调等。

信息是一种知识，是客观事物表现出来的数据、指令、情报等方面的知识，它与事物变化的环境密切相关。消息是信息的一种客观表达，是一种已经被人们知道了的信息。

信号是消息的物理量再现，例如人类熟知的电信号、声音信号、光信号等，信号是携带信息的物理量。按照随时间的变化不同，信号被分成连续时间信号和离散时间信号。前者又称为模拟信号，后者又称为数字信号。

3.4.1 模拟方式

模拟信号处理是指对模拟信号采用模拟量直接进行处理的方法，对任何连续信号处理的方法与过程。

图 3-17 所示为几种常见的模拟信号，模拟信号的典型特征就是连续特性，在数学上能够用连续函数来描述，从波形图上看，曲线处处为光滑的点的集合、无间断点或有限间断点的曲线。

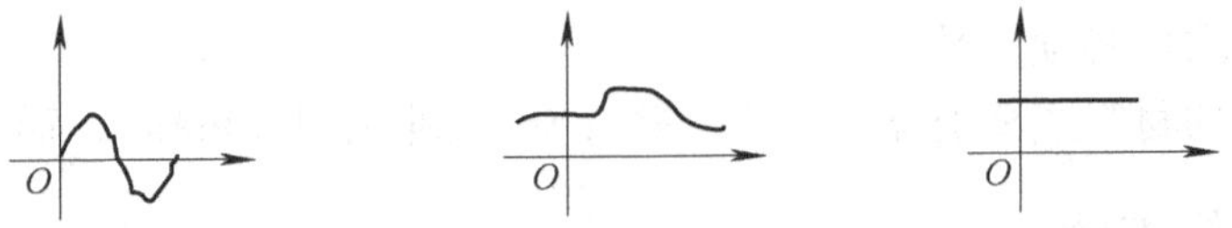

a)　　b)　　c)

图 3-17　几种常见的模拟信号

a）交流信号　b）缓慢变化的直流信号　c）直流信号

模拟信号处理是直接对连续信号进行分析处理的过程，是利用一定的数学模型所组成的运算网络来实现的。对于数字式仪器、仪表和计算机来说，模拟信号处理也是必不可少的，只有经过模拟信号的预处理，才能与 A-D 等转换设备相匹配。

采用模拟信号处理技术对传感器输出信号进行预处理，是传感器到显示、记录或数字化分析仪器的前向通道中必不可少的重要环节，常称之为信号调理。常用的信号调理环节包括电桥、放大器、滤波器、调制与解调。

3.4.2 模数方式

数字信号的特征是非连续性。在某一个时刻，信号电压（或电流）会发生突然变化，突然升高或突然降低。在数字信号中最典型的是矩形波信号，又称为矩形波脉冲。几种常见的模数信号如图 3-18 所示。电信号持续一段时间不变的电压被称为电平，矩形波脉冲由高电平和低电平交替形成。高低电平可以用二进制数的“1”和“0”来表示。如果用“1”表示高电平，那么“0”就表示低电平，由此二进制数广泛用于数字信号的表示及处理中。

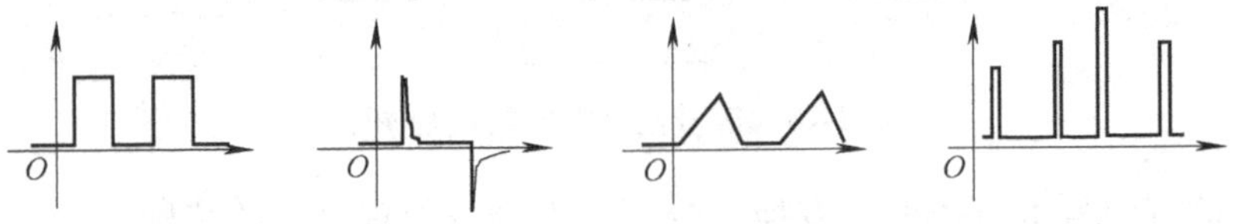

a)　　b)　　c)　　d)

图 3-18　几种常见的模数信号

a）等幅信号　b）尖脉冲信号　c）锯齿波信号　d）脉冲信号

1. 数字信号的处理方法

1）在通用微机上用软件程序运行 DSP 算法，编制程序可用汇编语言、C 语言、MATLAB、FORTRAN 等，速度较慢。

2）在通用微机上扩展专用微处理器芯片，专用性强但不便嵌入式系统应用。

3）在单片机上运行 DSP 程序，但仅适用于简单的数字信号处理和数字控制，因为单片机的主要功能是微控制，而非微计算。

4）用通用 DSP 芯片运行 DSP 程序，信号处理灵活，实时编辑性强，有通用性。

5）用专用 DSP 芯片实现单一信号处理课程，如专门数字滤波、快速傅里叶变换芯片，针对性强，无须编程应用简单，但缺乏通用性。

6）用专用集成电路 ASIC 芯片集成 DSP 的功能，芯片采用 DSP 核，配以相应的存储器和 I/O 接口，存储器可用 Cache、RAM、ROM、FLASH 等，I/O 设备可用并口、串口、主机口、DMA、定时器、中断接口等。

2. 数字信号的处理过程

1）首先由抗混叠滤波器处理输入信号，滤掉高于折叠频率的那部分频谱，避免频谱混叠，做法是采样频率大于输入信号最高频率的两倍。

2）经过 A-D 转换将输入模拟信号转换成数字信号。

3）由 DSP 芯片对数字信号进行处理，含乘法并累加运算等。

4）处理后的数字信号经 D-A 转换得模拟信号。

5）通过低通滤波器过滤高频部分，得输出模拟信号。

3. 数字信号处理的优势

1）便于使用计算机。

2）便于使用 DSP 系统。

3）接口扩展方便。

4）使用灵活。

5）生产制造方便。

6）准确度高。

思考题

1. 为什么企业标准要严于行业标准？行业标准要严于国家标准？

2. 你了解手机上使用了哪些传感器吗？试举例说明。

3. 为什么传感器常常要将非电量转换成电量？你了解多少将非电量转换成电量的传感器？试举例说明。

4. 光纤通信的突出优点是什么？为什么说光纤通信技术改变了全球信息交流的模式与力度？

5. 试比较模拟和模数两种信号处理方式的优缺点？

第 4 章　控制技术概述

控制（Control）指人们按照自己的意愿或目的，通过一定的手段，使事物向期望的目标发展，或者说控制指某个主体使某个客体按照一定的目的动作。1948 年，美国著名数学家维纳出版了《控制论》一书，系统地揭示了机器、生物和人所遵循的共同规律——信息变换和反馈控制规律，为机器模拟人和动物的行为或功能提供了理论依据，由此诞生了一门新的学科——控制论。理解任何控制现象，都要明确控制的对象是什么，控制要达到什么目的和采取什么控制手段，即控制的三个要素：对象、目的、手段。自 20 世纪初以来，控制技术已经在各个行业中有着广泛应用，成为不可或缺的一部分。

4.1　控制技术概念

控制论是研究各类系统的调节和控制规律的科学，是具有方法论意义的理论。它是自动控制、通信技术、计算机科学、数理逻辑、神经生理学、统计力学和行为科学等多种科学技术相互渗透形成的一门交叉性学科。

控制技术是人体效应器官功能的延伸，主要通过反馈控制系统，对信号源等外部事物的运动状态进行干预，以便更好地认识世界和改造世界。

控制技术分为人工控制和自动控制。

4.1.1　人工控制

人工控制指控制的过程是在人的直接干预以及全程干预下进行的。人工控制可以解释为，人利用简单的机械（工具）参与整个控制过程。

人工控制由人来进行控制操作，如人工通过加热电热丝控制水温，操作者需要随时用温度计测量水温，判断如何通过调压器手动调节电压，进而实施操作使水温稳定，人工控制水温示意图如图 4-1 所示。

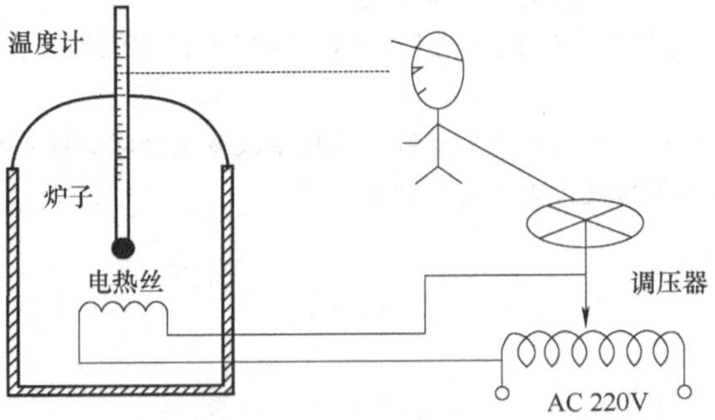

图 4-1　人工控制水温示意图

图 4-2 为人工控制水温的流程图。人用眼睛看到温度计显示的温度测量值，输入大脑与给定的理想温度进行计算和比较形成了偏差信号，再根据偏差量的大小判断需要增大还是减小阀门的开度，确定后用手来调节阀门以提高电热丝或炉子的温度，从而使炉温接近预想的值，但人工难以实现稳定的高质量控制。

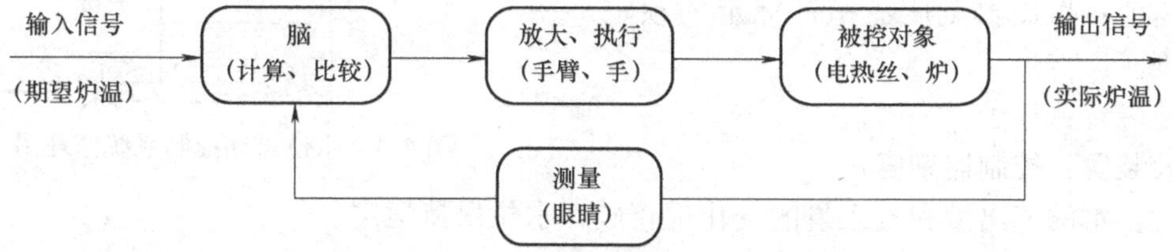

图 4-2 人工控制水温的流程图

图 4-3 所示为人工控制的恒值水位系统。具体操作流程如下：

1）将水位的要求值（期望水位值）牢记在大脑中。

2）用眼睛和测量工具测量水池实际水位。

3）将期望水位与实际水位进行比较、计算、从而得出误差值。

4）按照误差的大小和正负性质，由大脑指挥手去正确地调节进水阀门，所谓正确调节，是要按减小误差的方向来调节进水阀门的开度。

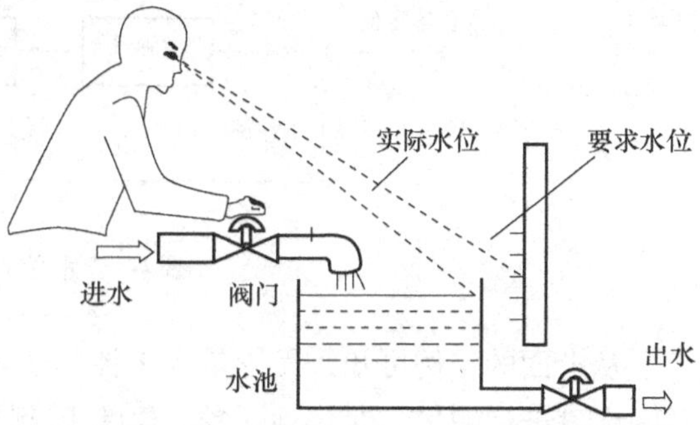

图 4-3 人工控制的恒值水位系统

进一步地，可以看到，控制就是指“某个主体使其他对象按照一定的目的来动作”，图 4-1 所示的例子中，主体就是操作者，对象就是电热丝及炉子，目的就是使炉温稳定，整个控制过程就是一个测量偏差，再纠正偏差的过程。对于上述人工控制的系统，如果能找到一个控制装置（也称控制器）来代替人的职能，它就可以变成一个自动控制系统。

4.1.2 自动控制

自动控制与人工控制的原理相同，只是将控制过程交给一套机器和仪器组成的控制系统，从而完成控制过程，比人工控制更高准确度、高速度。自动控制的定义就是在无人参与的情况下，利用控制装置使被控对象（如机器、设备或生产过程）的某一物理量（或工作状态）自动地按照预定的规律运行（或变化）的一种控制。

自动控制是使一个或一些被控制的物理量按照另一个物理量即控制量的变化而变化或保持恒定，一般来说，如何使控制量按照给定量的变化规律变化，就是一个控制系统要解决的基本问题。自动控制即没有人直接参与的控制，其基本任务是：在无人直接参与的情况下，只利用控制装置操纵被控对象，使被控制量等于给定值。

自动控制系统指能够完成自动控制任务的设备，一般由控制装置和被控对象组成。若用自动控制装置代替人工操作，则可构成自动控制系统。

图 4-4 是一个水位自动控制系统原理图。在这里，控制器通过比较实际液位与希望液位，并通过调整气动阀门的开度，对误差进行修正，从而保持液位不变。

控制任务：维持水箱内水位恒定。

控制装置：气动阀门、控制器。

受控对象：水箱、供水系统。

被控量：水箱内水位的高度。

给定值：控制器刻度盘指针标定的预定水位高度。

测量装置：浮子。

比较装置：控制器刻度盘。

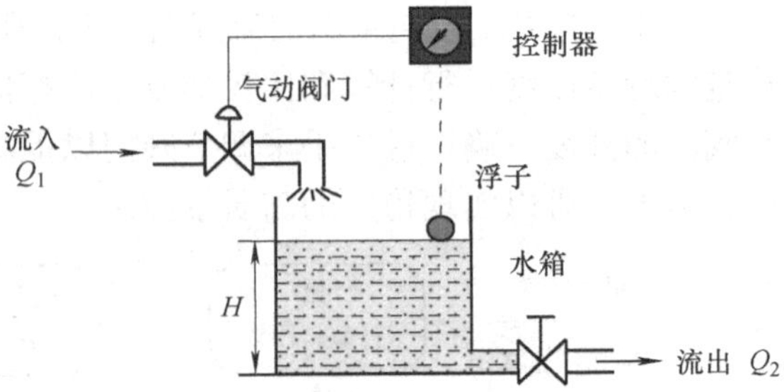

图 4-4　水位自动控制系统原理图

干扰：水的流出量和流入量的变化都将破坏水位保持恒定。

水位自动控制系统流程图如图 4-5 所示。

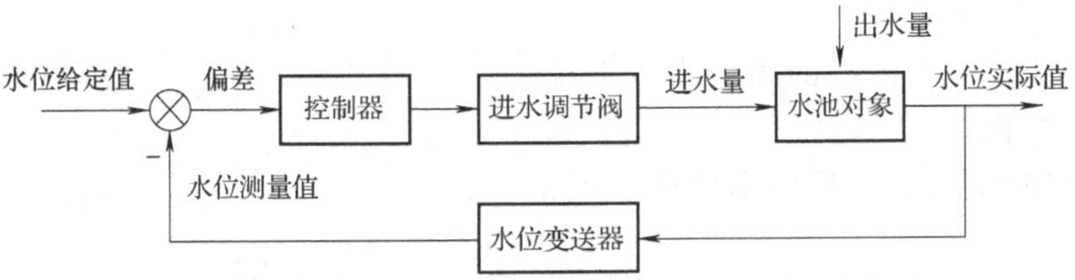

图 4-5　水位自动控制系统流程图

从上面的实例可知，无论是人工控制还是自动控制，它们都具备如下三个基本特征：①要对输出量进行测量，即找到对象；②要把测量的系统输出量和预先给定的输入量进行比较，从而获得偏差即找到目的；③要按照偏差产生控制指令，进而消除或者减小偏差，即采取手段。表 4-1 和表 4-2 分别给出了区分人工控制和自动控制的方法。

表 4-1　从控制的对象、目的和手段上区分人工控制与自动控制

从井中取水	对　象	目　的	手　　段	控 制 方 式
人摇动辘轳从水井中打水	水井	取水	人力、简单机械	人工控制
人利用水泵从井中抽水			电力、水泵及装置	自动控制

表 4-2　从控制手段上区分人工控制与自动控制

将货物从甲地到搬乙地	对　　象	目　的	手　　段	控制方式
人骑自行车（三轮车）	自行车（三轮车）	运输	人力、简单机械	人工控制
人开汽车	汽车		汽油燃烧产生的动力及机械设备、人的驾驶	自动控制

4.1.3　控制中的反馈

维纳研究的控制论在第二次世界大战中得到了直接应用：当时由于德国飞机的速度已接近炮弹的速度，直接瞄准射击的方法已经失效，要求控制系统能预测飞机的飞行位置，即要求控制装置在行为上具有与人和动物某些相似的行为能力。通过大量的研究，人们找到了自动控制装置这种模拟人的、有目的性的行为能力，这就是后来机器人或机器动物。维纳还发现人的神经控制和工程控制系统都是建立在对周围环境和自身状态各种信息的获取、传递和处理的基础上的，而这种信息处理过程又都是随机过程，必须用概率和统计的方法才能定量地把握它们。

反馈控制理论不仅在工程技术领域，而且在经济管理和日常生活中都有着重要的应用价值。这里一个最基本概念就是“反馈控制”，自动控制系统利用输入的目标信息经处理后输送出去，又把输出信息馈送到原输入端，并对信息的再输出进行调整，达到反馈控制的目的。从信号的流动过程可以看出，这一过程形成了信息的闭合回路。这种将系统的输出信息反馈送到输入端的方式称为反馈。反馈分为负反馈和正反馈。

1. 负反馈

鹰击长空，不但能准确地扑到固定目标，甚至连飞速躲避的兔子、老鼠也不能逃脱，老鹰抓兔子如图4-6所示。鹰的眼睛在盯住兔子的同时，也注意到了自己的位置，并把两者做一个比较，经过比较后的信号代表鹰的位置与兔子位置的差距，鹰的大脑根据这个差距指挥翅膀改变自己的位置，使鹰向着差距减小的方向运动，这个控制过程连续不断进行直到差距为零，捉到兔子为止。在这里，最关键的一点是鹰的大脑做出的决定始终使鹰的位置向减小差距的方向改变。控制论中把这类控制过程称为负反馈调节。负反馈调节的本质在于设计了一个目标差不断减少的过程。

图4-6　老鹰抓兔子

目标差：目标的位置与实际位置的差距。

调节与控制的区别在于控制的过程存在一个目标差不断减少的过程，称为调节。图4-7为老鹰抓兔子的控制框图。

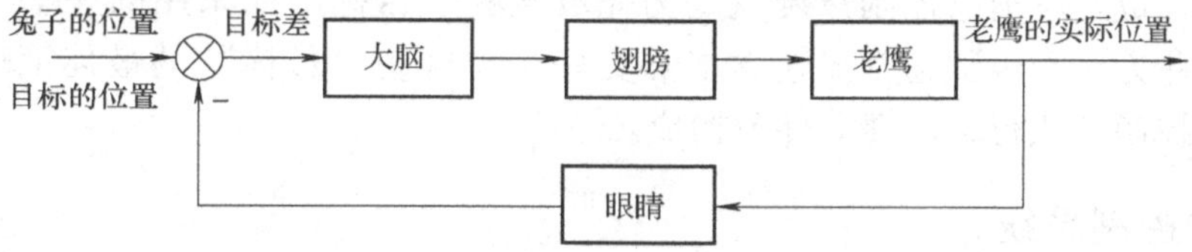

图4-7　老鹰抓兔子的控制框图

负反馈的控制过程有两个要素：系统一旦出现目标差，便自动出现某种减少目标差的反应；减少目标差的调节要一次一次地发挥作用，使得对目标的逼迫能积累起来。

工程师模拟老鹰抓兔子的办法解决导弹准确地打中飞机。工程师们给导弹安上眼睛，即红外线装置，配上大脑，即电子计算机，同时给它一副可以调节的翅膀，即姿态控制装置，这样导弹就可以向着不断减少目标差的方向运动，直到把飞机击落。

2. 正反馈

在反馈的过程中，目标差不断增大这就是正反馈。如果在控制系统中采用正反馈，则当因某种原因造成系统的输出量向某个方向偏离了给定值时，由于反馈信号的极性和给定值的极性相同，反馈产生了同向相加信号，控制器输出与系统的输出量变换方向相同的控制信号，在控制器的作用下，系统的输出量会继续向着偏离给定值方向移动，最终使得系统的输出超出了安全工作的范围，破坏了系统的正常运行，使得系统无法工作。因此，在自动控制系统中一般都采用负反馈，正反馈的使用要慎重。正反馈并不是绝对不用，电子线路中运用正反馈产生一定频率的振荡，核爆炸也是一种正反馈。

负反馈调节系统如果出现反馈过度，都会从一个逐步逼近目标的稳定过程转化为振荡过程。如导弹打飞机，飞机向左，导弹向左过度，飞机就在导弹的右侧了，检测到飞机在右侧，导弹又向右，如此，反复不能击中目标，导弹的控制器接收到导弹与飞机的目标差之后，做出了过度的调节，从而形成振荡。

又如在亲子关系中的反馈过度。父母都是爱孩子的，希望孩子有出息，但在与孩子的互动中，表现出过度的关爱，孩子反感，孩子也是爱父母的，在表达他们的反感时分不清自己真实的感受，情绪化的表达也是反馈过度，于是亲子关系紧张。了解了这一反馈调节的控制方法，当然会使人们周围的人际关系更融洽。

因此，在反馈系统中一定要避免反馈过度的产生。

4.2 控制系统概述

近年来，控制系统在现代文明和技术发展与进步上扮演了越来越重要的角色。人们日常活动的每一个方面几乎都受到了某种控制系统的影响。控制系统已经大量地应用到了工业的所有部门，如产品质量、自动装配线、机床控制、空间技术与武器系统、计算机控制、交通运输、动力系统、机器人、微机系统和纳米技术等。

在家里，为了舒适地生活，需要控制室内的温度和湿度；在交通领域，需要控制汽车精确而又安全地从一个地方到达另一个地方；在工业上，制造过程中大量的生产产品需要满足产品质量和成本效益的要求。但有些目标在人们要完成它时，不仅要考虑如何完成，还要考虑如何更好地完成。所谓的控制系统就是为完成某种“目标”而采用的一整套的完成方法和步骤。而这些方法和步骤通常又包含能够更好实现这些“目标”的最佳策略。控制系统一般由测量、控制、执行、反馈等环节构成。

4.2.1 自动控制系统

自动控制系统指在没有人直接参与的情况下，利用控制装置，对生产过程、工艺参数、目标要求等进行自动的调节与控制，使之按照预定的方案达到指标要求的设备。

虽然很早以前人类就创造了自动控制装置，但控制方式简单，应用不多。随着产业革命的开始，能源的开发和动力的发展对自动控制提出了迫切要求，自动控制技术开始迅速发展。

在工业中起重要作用的第一个自动控制装置是1788年英国发明家瓦特（J. Watt）发明的“离心式飞球调节器”，如图4-8所示。瓦特给蒸汽机添加了一个节流阀，它由一个“离心式飞球调节器”操纵，利用飞球来调节蒸汽流，以保证蒸汽机引擎的恒速运行。当蒸汽机转速增加时，飞球上升，使气阀的开启度减小，反之，开启度增大。这样可以保证引擎工作

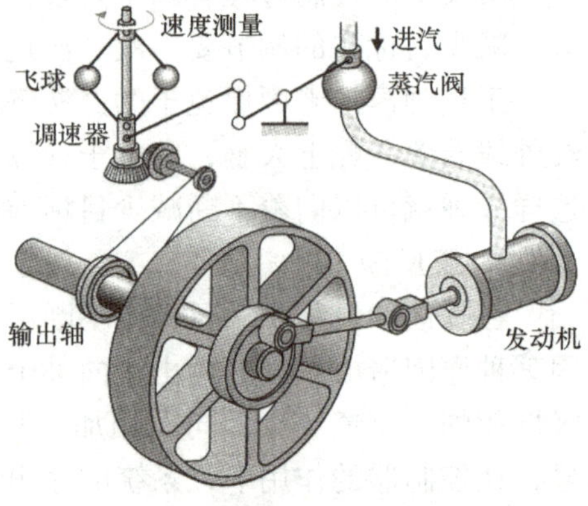

图4-8　离心式飞球调节器

时速度大致均匀，这是当时反馈调节器最成功的应用。

但后来发现这种反馈调节器并不完善，在某些情况下容易产生振荡，这就提出了自动控制系统的稳定性问题。英国数学家、物理学家麦克斯韦（J. C. Maxwell）从微分方程角度讨论了这种调节系统可能产生的不稳定现象，开始了用严谨的数学分析对反馈控制动力学问题的理论研究。

目前公认的第一篇控制理论论文是麦克斯韦在1868年发表的《论调节器》，他在论文中提出了反馈控制的思想，导出了调节器的微分方程模型，从描述系统微分方程的解中有无增长指数函数项，解释了反馈控制不稳定现象，并提出了低阶系统稳定性的判据，从而开创了控制理论研究的先河。

第二次世界大战期间（1938～1945年），为了设计和制造飞机及船用自动驾驶仪、火炮定位系统、雷达跟踪系统等，基于反馈原理的军用装备，科学家们开始重点研究系统的暂态性能问题。1938年，美国学者伯德（H. W. Bode）提出了奈奎斯特稳定判据，又于1945年提出了用图解法分析和综合线性控制系统的方法——伯德图法。这构成了自动控制理论中的频率法或称频域法。1948年，美国学者伊万斯（W. R. Evans）提出了直观形象的根轨迹法。至此，控制理论发展的第一阶段基本完成，形成了以频率法和根轨迹法为主要方法的经典控制理论。

随着空间技术的发展，控制对象越来越复杂，控制要求越来越高。航空领域中的飞机导航和控制、人造卫星的发射和回收等，都涉及多变量动态系统的稳定问题。20世纪60年代初，在经典控制理论的基础上，以线性代数理论和状态空间分析法为基础的现代控制理论迅速发展起来。1954年，贝尔曼（R. Belman）提出状态空间法和动态规划理论，解决了多输入多输出系统稳定性的整定问题；1956年，庞特里雅金（L. S. Pontryagin）提出极大值原理，奠定了研究最优控制的基础；1960年，卡尔曼（R. K. Kalman）提出多变量最优控制和最优滤波理论。

20世纪70年代开始，现代控制理论继续向深度和广度发展，出现了一些新的控制方法和理论，如自适应控制理论、大系统理论和人工智能等。

1. 自动控制系统的组成

在讨论控制系统的工作原理时，为清楚地表达自动控制系统各个组成部分的作用及相互关系，一般用原理框图来表示控制系统。图4-9为一基本自动控制系统的结构组成框图。自动控制系统的组成由控制器、执行器、被控对象及测量元件变送器四部分组成。各部分的功能如下：

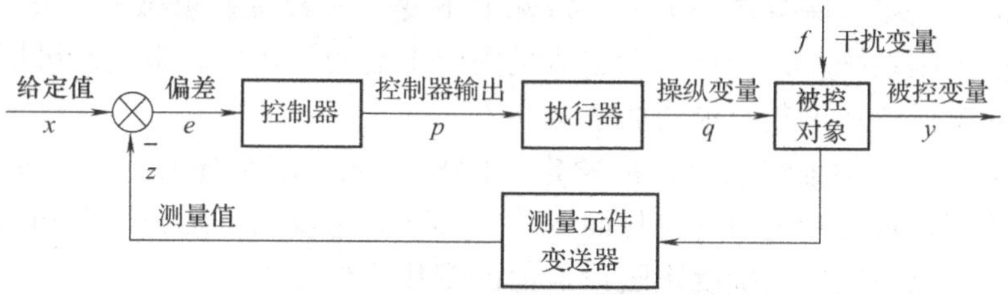

图4-9 基本自动控制系统的结构组成框图

1）控制器是控制系统的核心环节，它根据被控变量与设定值的偏差信号或者系统其他输入信号进行一定的控制运算，产生相应的控制输出信号。

2）执行器根据控制器提供的控制信号，对被控对象的某个能够影响被控变量的控制变量（操纵变量）进行直接的操作。

3）被控对象是控制系统所控制和操纵的对象，它的输出量是控制系统的被控变量。

4）测量元件变送器或传感器用来测量被控对象的实际参数（如被控变量、干扰量等），经过信号处理，转换成为控制器能接收的信号或输出显示。

执行器、被控对象及测量元件变送量统称为广义对象。

2. 自动控制系统运行的基本要求

自动控制系统运行的基本要求是系统必须稳定运行，并应保证满足一定的准确度要求和规定的性能指标。

实现自动控制需要闭环系统。闭环控制系统稳定运行最基本的必要条件是负反馈。

测量变送环节一般具有正作用特性，被控对象和执行器的特性由实际的工艺条件决定，可以通过控制器的正、反作用来满足系统负反馈的要求。

3. 自动控制系统的分类

自动控制系统按系统的反馈形式可以分为开环和闭环控制系统。若系统的输出量不会对系统的控制部分产生影响，则这样的系统称为开环控制系统。若系统输出量通过反馈环节返回来作用于控制部分，形成闭合环路，则这样的系统称为闭环控制系统，又称为反馈控制系统。

由于开环系统无反馈环节，一般结构简单、系统稳定性好、成本也低，这是开环系统的优点。因此，在输出量和输入量之间的关系固定，且内部参数或外部负载等扰动因素不大，或这些扰动因素产生的误差可以预计确定并能进行补偿，则应尽量采用开环控制系统。开环控制的缺点是当控制过程受到各种扰动因素影响时，将会直接影响输出量，而系统不能自动进行补偿。特别是当无法预计的扰动因素使输出量产生的偏差超过允许的限度时，开环控制系统便无法满足技术要求，这时就应考虑采用闭环控制系统。

闭环控制的一个突出的优点是反馈控制可以自动进行补偿。闭环控制要增加检测、反馈、比较、调节器等部件，会使系统复杂、成本提高，而且闭环控制会带来副作用，使系统的稳定性变差，甚至造成不稳定。这是采用闭环控制时必须重视并要加以解决的问题。

自动控制系统按系统的给定值，可以将自动控制系统分为三类，即定值控制系统、随动控制系统和程序控制系统。

定值控制系统中的“定值”是恒定给定值的简称。工艺生产中，若要求控制系统的作用是使被控制的工艺参数保持在一个生产指标上不变，或者说要求被控变量的给定值不变，就需要采用定值控制系统。其特点是设定值是固定不变的闭环控制系统，可用于克服扰动的影响，使被控变量保持在工艺要求的数值上。

随动控制系统（自动跟踪系统）的给定值随机变化，该系统的目的就是使所控制的工艺参数准确而快速地跟随给定值的变化而变化。其特点是设定值是一个未知的变化量的闭环控制系统，作用是以一定的准确度跟随设定值的变化而变化。

程序控制系统（顺序控制系统）的给定值是变化的，但它是一个已知的时间函数，即生产技术指标需按一定的时间程序变化。这类系统在间歇生产过程中应用比较普遍。其特点是设定值是变化的，而且是按一定时间程序变化的时间函数，作用是以一定的准确度跟随设定值的变化而变化。

程序控制系统可以看成是随动控制系统的特殊情况，其分析研究方法与随动控制系统相同。

4.2.2　仪器仪表在控制系统中的应用

仪器仪表在自动化控制系统的应用很广泛，覆盖了工业、农业、交通、科技、环保、国防、文教卫生、人民生活等各方面，在国民经济建设各行各业的运行过程中发挥着不可替代的作用。目前，现代仪器仪表技术的发展水平，已成为一个国家科技水平和综合国力的重要体现。

仪器仪表自动化控制系统产业地位特殊，对国民经济的拉动作用大，有着良好的市场前景和巨大的发展潜力。为此，世界发达国家都高度重视和支持本国仪器仪表及自动化控制系统产业的发展。美国一直以来对仪器仪表产业发展很重视和支持，将仪器仪表纳入信息技术产业并采取优先发展的政策；日本科学技术厅把测量传感器技术列为 21 世纪首位发展的技术；德国大面积推广应用自动化测控仪器系统；欧盟第三个科技发展总体规划中将测量和检测技术列为 15 个专项之一。

我国的仪器仪表行业经过几十年的发展，特别是改革开放后到现在这段时间的建设，已经初步形成了产品门类品种比较齐全，具有一定生产规模和开发能力的产业体系。我国也已成为在亚洲仅次于日本的仪器仪表生产大国。我国仪器仪表行业在新产品开发、产品科技含量以及产品推广应用等方面都取得可喜成绩。截至 2009 年，仪器仪表行业整体技术水平已达到国际 20 世纪末期水平。微电子技术和计算机技术在仪器仪表产品中得到普遍应用，约 15% 的产品实现了智能化，达到国际 20 世纪 90 年代的水平；约 30% 的产品实现了数字化，达到国际 20 世纪 80 年代末的水平。从我国各类仪器仪表产品满足需要程度看，中高档科学测试仪器国内市场满足率为 30%，中低档科学仪器满足率为 65%；生产过程测量控制仪表及系统产品在大型工程项目中的品种满足率达 50%，中小型工程达 70%。进口产品往往是科研、生产所需的重大、关键设备，技术含量大，附加值高。

通过科技攻关、联合开发、合资合作和引进技术消化吸收、国产化等多种形式，我国仪器仪表行业部分中高档主导产品缩小了与国际先进水平的差距，并形成生产能力。自主开发的主要产品包括中小型 DCS、现场总线智能仪表、总线式测试系统、汽车专用检测试验设备、超声诊断仪器、微波等离子光谱、新型扩散硅敏感元件等；引进技术国产化的主要产品有记录仪、精小型调节阀、新型变送器、光谱、色谱、扫描电镜、水质分析仪、专用复合材料等；合资合作的主要产品有大型 DCS、EJA、流量计、电子经纬仪、动平衡试验机、高低温试验仪器等。

1. 仪器仪表的分类

（1）工业自动化仪表和控制系统

工业自动化仪表和控制系统用于工业生产现场监测及自动控制的测量仪表和控制装置。

（2）科学仪器

科学仪器主要包括分析仪器（主要包括质谱仪、核磁共振波谱仪、色谱仪、色谱质谱联用仪、等离子光谱仪、污水监测仪、气体和烟雾监测仪、高性能荧光光谱仪等），光学仪器（主要包括各种显微镜、大地测绘仪器、光学计量仪器、物理光学仪器及光学测试仪器等），试验机（主要包括各种金属材料试验机、非金属材料试验机、无损探伤仪及动平衡机等），实验室仪器（主要包括精密天平、干燥箱、真空仪器、应变仪、环境试验仪器、热量计及声学仪器等）。

（3）医疗仪器

医疗仪器主要包括 X 射线诊断仪器、B 型超声诊断仪、核磁共振成像仪器、病员监护仪、心电图记录仪、呼吸机、麻醉机、内窥镜、手术无影灯等。

（4）电子与电工测量仪器

电子与电工测量仪器主要包括各种类型的电工测量仪器仪表和电子测量仪器。

（5）其他各类仪器仪表

其他各类仪器仪表包括各种专用设备测量仪器仪表，如汽车专用仪表、水质测量专用仪表、空气污染测量专用仪器、农林牧渔专用仪器仪表、地质勘探和地震预报专用仪器、核辐射测量仪器、商品质检仪器仪表、出入境检测仪等。

2. 新型仪器仪表在控制系统中应用的特点

信息技术的进步推动了工业自动化仪表与控制系统的向前发展。近年来，计算机科学和微电子技术的迅速发展和普及，导致仪表的结构概念和设计观点等都发生了突破性的变化，形成一类具有普通仪表的基本功能，又有一般仪表所没有的特殊功能的高档低价仪表。工业自动化仪表重点发展基于现场总线技术的主控系统装置及智能化仪表、特种和专用自动化仪表；全面扩大服务领域，推进仪器仪表系统的数字化、智能化、网络化，完成自动化仪表从模拟技术向数字技术的转变。

（1）智能化

从工业自动化仪表的发展趋势看，智能化是其核心部分，所谓智能化表现在其具有多种新功能。在工控方面，过去控制的算法只能由调节器或 DCS 来完成，如今一台智能化的变送器或者执行器，只要植入 PID 模块，就可以与有关的现场仪表一起，在现场实现自主调节，从而实现控制的彻底分散，从而减轻了 DCS 主机的负担，使调节更加及时，并提高了整个系统的可靠性。

（2）高准确度化

由于工业生产对成品质量的要求日益提高，国家的政策和法令对节能减排也有具体的要求和规定，因此提高测量仪表与控制系统的准确度就被提上了议事日程。例如变送器的准确度，普遍从 0.75% 提高到 0.04%。

（3）总线化

过程控制系统自动化中的现场设备通常称为现场仪表。现场总线技术的广泛应用，使组建集中和分布式测试系统变得更为容易。然而，集中测控越来越不能满足复杂、远程及范围较大的测控任务的需求，必须组建一个可供各现场仪表数据共享的网络，现场总线控制系统（FCS）正是在这种情况下出现的。它是一种用于各种现场智能化仪表与中央控制之间的一种开放、全数字化、双向、多站的通信系统。目前现场总线已成为全球自动化技术发展的重要表现形式，它为过程测控仪表的发展提供了千载难逢的发展机遇，并为实现进一步的高准确度、高稳定、高可靠、高适应、低消耗等方面提供了巨大动力和发展空间。

（4）网络化

现场总线技术采用计算机数字化通信技术，使自动控制系统与现场设备加入工厂信息网络，成为企业信息网络底层，可使智能仪表的作用得以充分发挥。随着工业信息网络技术的发展，以网络结构体系为主要特征的新型自动化仪表，即 IP 智能现场仪表代表了新一代控制网络发展的必然趋势。

（5）开放性

现在的测控仪器越来越多采用以 Windows/CE、Linux、VxWorks 等嵌入式操作系统为系统软件核心和高性能微处理器为硬件系统核心的嵌入式系统技术，未来的仪器仪表和计算机的联系也将会日趋紧密，Agilent 公司表示仪器仪表设备上应当具备计算机的所有接口，如 USB 接口、打印机接口、局域网网络接口等，测量的数据也应通过 USB 接口存储在可移动存储设备中，使用这样的仪器仪表设备和操作一台简易计算机简直是如出一辙。齐备的接口可连接多种现场测控仪表或执行器设备，在过程控制系统主机的支持下，通过网络形成具有特定功能的测控系统，实现了多种智能化现场测控设备的开放式互联系统。

（6）虚拟化

虚拟仪器是充分利用计算机技术，由用户自己设计、定义的仪器。它将计算机作为仪器平台，显示屏作为仪器的面板和显示窗，仪器功能主要靠软件实现。软件技术是虚拟仪器的核心技术，如通过编程构成波形发生器、示波器或数字万用表，而波形发生器的发生波形、频率、占空比等，示波器的测量通道、极性、触发信号等都可以用鼠标和键盘进行设置。图 4-10 所示为 DSO28LabII 虚拟仪器测控综合平台。

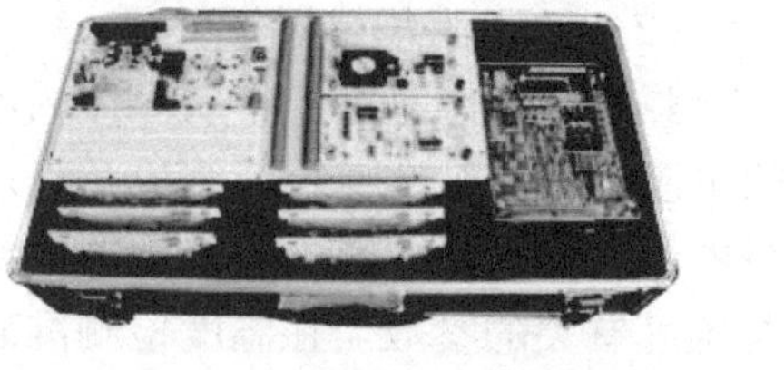

图 4-10　DSO28LabII 虚拟仪器测控综合平台

4.2.3　传感器在控制系统中的应用

传感器是一种将非电量转换为电量的器件，是一种功能块，将来自外界的各种信号转换成电信号。传感器技术是综合了测量技术、半导体技术、计算机技术、信息处理技术、微电子学、光学、声学、精密仪器、仿生化学、材料工程等众多学科相互交叉的高新技术密集型前沿技术之一，是现代新技术革命和信息社会的重要基础，是自动化检测与自动控制技术不可缺少的重要组成部分，是国际上公认的具有广阔发展前途的高新技术。

传感器技术广泛应用于钢铁、能源、交通、机械制造、通信、化工、汽车、家电、金融、商业和农业等行业。在自动控制系统中，传感器处于系统之首，传感器主要用于检测自动控制系统自身与操作对象、作业环境的状态，为有效地控制自动控制系统的运作提供必需的相关信息，相当于系统的感受器官，能快速、精确地获取信息，是自动控制系统达到高水平的保证。各种传感器技术都有其特有的应用特性，在各种自动控制系统中必须合理地选用传感检测方法，否则对控制参数就不能进行有效而准确地检测，那么系统的信息处理、控制决策等功能就无法谈及和实现。

1. 传感器的研究现状及发展

工程上，通常把直接作用于被测量，能按一定规律将其转换成同种或别种量值输出的器件称为传感器。传感器的作用类似于人的感觉器官，也可以认为是人类感官的延伸。传感器主要用于检测自动化系统自身、操作对象及作业环境状态，为有效控制机电一体化系统的运作提供必需的相关信息。

现代科技的发展不断地向传感器技术提出新的要求，推动传感器技术的发展。与此同时，传感器技术迅速吸取和综合各个科技领域（如物理学、化学、生物学等）的新成就，开发出新的方法和装置。传感器技术已成为现代科技领域的重要技术。传感器及其系统生产已成为重要的新兴行业。

2. 常见传感器的分类

（1）光敏传感器

光敏传感器是最常见的传感器之一，它的种类繁多，主要有光电管、光电倍增管、光敏电阻、光敏晶体管、太阳电池、红外线传感器、紫外线传感器、光纤式光电传感器、色彩传感器、CCD 和 CMOS 图像传感器等。它的敏感波长在可见光波长附近，包括红外线波长和紫外线波长。光传感器不只局限于对光的探测，它还可以作为探测元件组成其他传感器，对许多非电量进行检测，只要将这些非电量转换为光信号的变化即可。光传感器是目前产量最多、应用最广的传感器之一，它在自动控制和非电量电测技术中占有非常重要的地位。最简单的光敏传感器是光敏电阻，当光子冲击接合处就会产生电流。

（2）热电阻传感器

热电阻测温是基于金属导体的电阻值随温度的增加而增加这一特性来进行温度测量的。热电阻大都由纯金属材料制成，目前应用最多的是铂和铜。此外，已开始采用镍、锰和铑等材料制造热电阻。热电阻传感器主要是利用电阻值随温度变化而变化这一特性来测量温度及与温度有关的参数。在温度检测准确度要求比较高的场合，这种传感器比较适用。较为广泛的热电阻材料为铂、铜、镍等，它们具有电阻温度系数大、线性好、性能稳定、使用温度范围宽、加工容易等特点。用于测量 $-200\sim500$℃范围内的温度。

（3）电容式物位传感器

电容式物位传感器适用于工业企业在生产过程中进行测量和控制生产过程，主要用作导电与非导电介质的液体液位或粉粒状固体料位的远距离连续测量和指示。电容式液位传感器由电容式传感器与电子模块电路组成，它以两线制 $4\sim20$mA 恒定电流输出为基型，经过转换，可以用三线或四线方式输出，输出信号形成为 $1\sim5$V、$0\sim5$V、$0\sim10$mA 等标准信号。电容式传感器由绝缘电极和装有测量介质的圆柱形金属容器组成。当料位上升时，因非导电物料的介电常数明显小于空气的介电常数，所以电容量随着物料高度的变化而变化。传感器的模块电路由基准源、脉宽调制、转换、恒流放大、反馈和限流等单元组成。采用脉宽调制原理进行测量的优点是频率较低，对周围无射频干扰、稳定性好、线性好、无明显温度漂移等。

3. 传感器在自动化系统中的应用

（1）传感器技术在机器人控制中的应用

工业机器人是工业物流自动化中的重要装置之一，是当今世界新技术革命的一个重要标志。随着计算机技术、控制技术、人工智能的发展，出现了各种先进的可配视觉、触觉的机器人，为物流行业开拓了新的应用领域。

机器人能智能探测发现工作对象及对工作对象进行处理加工，都是因为在机器人相应部位装备了传感器，机器人才具备了类似于人类的视觉功能、运动协调和触觉反馈。智能机器人能对工作对象进行检测或在恶劣环境中工作是因为装备了触觉传感器、视觉传感器、力觉传感器、光敏传感器、超声波传感器和声学传感器等，有了传感器的应用才大大改善了智能机器人的知觉功能和反应能力，使其能够更灵活、更妥善地完成各种复杂的工作。应用于工业机器人的传感器通常有位移传感器，速度、加速度传感器等。

1）位移传感器。

位移传感器一般安装在机器人的各关节上，用于检测机器人各关节的位移量，作为位置控制信息。微动开关、光电开关、电涡流传感器等也都安装在机器人的每个关节上进行零位和极限位置的检测，零位检测可保证机器人的重复定位准确度和轨迹准确度，极限位置的检测则起保护机器人和安全动作的作用。常用位移传感检测方法的应用特性如下：

电位器：电位器可作为直线位移和角位移测元件。电位器式传感器结构简单，性能稳定，使用方便，但分辨率不高，且当电刷和电阻之间接触面磨损或有尘埃附着时会产生噪声。使用时，为了保证电位器的线性输出，应保证等效负载电阻远远大于电位器的总电阻。

电感（电涡流）型：量程短，分辨率为几十微米，成本适中，被大量采用。

激光型：量程长，反应速度较慢，成本高，分辨率为几百微米至几千微米，但不得阻隔探测通路。随着量程增加，需要有足够大的反射平面。

超声波型：量程一般在10m以内，反应速度较慢，成本一般，分辨率为几百微米至几千微米，但与激光型一样，不得阻隔探测通路，随着量程增加，需要有足够大的反射平面。

磁致伸缩型：量程为10m左右，分辨率为几微米，反应速度一般，成本较高。

光栅型：量程为10m左右，分辨率为几微米，反应速度一般，成本偏高。

2）速度、加速度传感器。

速度、加速度测量是驱动器反馈控制中必不可少的环节，速度、加速度传感器用来实现机器人各关节的速度闭环控制和加速度控制。常用的方法有两种：

① 利用测速发电机、比率发电机或转速表测量速度。其工作原理是，恒定磁场中的线圈发生位移，线圈两端的感应电压E与线圈内交链磁通Φ的变化率成正比，输出电压为$E=-\mathrm{d}\Phi/\mathrm{d}t$。此方法操作简便，最为通用。

② 利用测位移传感器测量速度及检测单位采样时间位移量。之后用F-V转换器变成模拟电压，但这种方法有其局限性，在低速时，存在着不稳定的危险；而高速时，只能获得较低的测量准确度。

（2）传感检测技术在机械加工过程中的应用

自动化机械加工过程中被测的目标很多，因而传感检测方法的选择不计其数。传感器技术是生产现场必不可少的关键技术之一。为了按照切削加工指令控制机床，需要利用传感器检测出机床的位置、速度以及变形、振动等因素对刀具与工件相对位移的影响，还需要监测加工过程的状态，根据检测结果来变更包括换刀等在内的加工条件，以此保持加工准确度，实现切削加工的高准确度化。此外，为了实现无人化、省力化加工，也需要利用传感器对加工检测结果进行输出反馈。

重视最终加工准确度。在机械加工中，最终加工准确度是最重要的。工件的尺寸是连接两点间的直线距离，其基点是一个点。检测工件上一个点的位置，通常使用接触式传感器和微小光点非接触光学式位移传感器。近年来，要求使用扫描式测头的呼声不断增加。这种测头是沿着工件的轮廓连续地进行仿形测量，能够在短时间内获取大量测量数据，可获得更接近实际情况、可靠性高的测量结果，这是它的最大优势。此外，在刀具管理方面，可采用电磁结合方式的识别系统来识别刀具和进行刀具寿命管理。

下面仅分别以工件尺寸与形状误差的传感和切削过程的颤震传感为例，将自动化机械加工过程中的各种传感检测方法加以比较，阐述其不同的应用特性。

1）工件尺寸与形状误差的传感。

对工件尺寸与形状误差的传感检测方法常用的有机械式、电子式、气动式、光学式、超声式、温度探测式等，各应用特性比较如下：

① 机械式摩擦轮：操作简单、工作可靠、易于信号处理。以检测0.1m为例，其分辨率达4～6μm，准确度为10μm，已在工业中广泛应用。

② 机械式卡规型：触头易于产生接触磨损，增益和分辨率低。以检测0.1m为例，其分辨率为1μm，准确度为±3μm，可成功地应用于工业。

③ 电子式：灵敏度高、响应快、工作可靠，但易受工件材料变化影响，一般只用于实验室。以检测0.1m为例，其分辨率为1μm，准确度为10μm。

④ 气动式：实用、增益高、低响应、低耐用度、量程小，有工业应用前途。以检测0.1m为例，当采用直接测量法时，其分辨率不大于1μm，准确度为2μm；当采用间接测量法时，其分辨率为2μm，准确度为10μm。

⑤ 光学式：灵敏度高、可遥感、系统校准难、操作较难。以检测0.1m为例，当采用直接测量法时，其分辨率为1μm，准确度为8～12μm，但要求环境中不能有干扰；当采用间接测量法时，其分辨率为0.5μm，准确度为5～10μm，但可靠性不高。

⑥ 超声式：可靠性好、可远距离传感、耐用度低、操作稍复杂，有发展前途，可工业应用。以检测0.1m为例，当采用直接测量法时，其分辨率为1μm，准确度为±2μm；当采用间接测量法时，其分辨率为4～6μm，准确度为±10μm。

⑦ 温度探测式：灵敏度低、实用性差，可用于复杂形状工件，一般用于实验室。以检测0.1m为例，其分辨率为4μm，准确度为5μm。

⑧ 有限元法：无须检测装置，灵敏度低，主要取决于模型准确度，一般仅用于研究。以检测0.1m为例，其分辨率为5μm，准确度为7μm。

通过比较分析可知，对于同一种传感检测方法，采用直接测量法或间接测量法，其分辨率及准确度将不相同。直接测量法的检测原理为直接测定或用标准件匹配测定，将刀具磨损、机床变形和工件变形误差包含在内，其可测范围只能在传感检测装置极限范围以内，对内径形状复杂的检测较困难，所以，多数只用于准确度中、低的机床；而采用间接测量法时，其检测原理是通过检测倒数第二个尺寸、形状误差、刀具位置或运动误差，间接保证最终尺寸与形状准确度，所以刀具、机床和工件变形误差不影响检测准确度，其可测范围大，可用于内孔与复杂形状的检测，因此多用于准确度中、高的机床。

2）切削过程的颤震传感。

切削过程的颤震现象大多数与切削、磨削过程的系统动力不稳定性相关，经常由刀具、砂轮与工件子系统的振动而引发，从而降低了被加工件表面的质量，特别是使表面粗糙度增大，限制了机床的生产效率，并可能引发紧固环节的松动而酿成事故。此外，还会使刀具、砂轮的失效（磨损与破损）加快。这种传感方法同样也可分为直接法和间接法两大类。

直接法可以直接测定机床的振动，也可从颤震时切削力的变化中获取，常用的有：

① 振动传感器：灵敏度较高、可靠、实用，可以装于工作台上，也可以装于刀架上。频率响应为超低频或2～40kHz。

② 动态测量仪：灵敏度高、可靠，较早用于铣床和车床加工。但由于颤震频率常常超

过几千赫兹，而动态测量仪的高频响应为 800 ~ 2000Hz，显然无法满足要求，主要用于实验室。现已有一种新型动态测量仪，其频率响应在 2000Hz 以上。

③ 应变片：把应变片装入机床主轴部件内，灵敏度高，工作可靠，频率响应约 300Hz。

④ 热电动势：此法是利用刀具与机床其他零部件绝缘的工件形成闭合电路，利用刀具与工件间的热电偶原理实现传感检测。当切削出现颤震时，刀具与工件间的接触区域和接触压力产生较大的变化，引起热电动势的变化。经 FFT 分析后可获得热电动势的功率谱密度。这种方法成本低，使用简单，但灵敏度稍低，频率响应约 100Hz，一般在实验室研究中采用。

间接法是通过颤震伴随效应的传感检测来间接表征颤震，常用的有：

① 光学法：由于为非接触性检测，灵敏度低、可靠性差、实用性较差，一般只用于实验室研究，频率响应约 500Hz。

② 声学法：同样由于是非接触性检测，其灵敏度低，且在多种不同切削条件下的可靠性差，频率响应约 700Hz。

（3）传感技术在汽车自动控制系统中的应用

1）温度传感器。

汽车用温度传感器主要用于检测发动机温度、吸入气体温度、冷却水温度、燃油温度以及催化温度等。温度传感器有热敏电阻式、线绕电阻式和热偶电阻式三种主要类型。这三种类型传感器各有特点，其应用场合也略有区别。热敏电阻式温度传感器灵敏度高、响应特性较好，但线性差、适应温度较低。其中，通用型的测温范围为 -50 ~ 30℃，准确度为 1.5%，响应时间为 10ms；高温型的测温范围为 600 ~ 1000℃，准确度为 5%，响应时间为 10ms；线绕电阻式温度传感器的准确度高，但响应特性差；热偶电阻式温度传感器的准确度高，测量温度范围宽，但需要配合放大器和冷端处理一起使用。其他已实用化的产品有铁氧体式温度传感器（测温范围为 -40 ~ 120℃，准确度为 2.0%）、金属或半导体膜空气温度传感器（测温范围为 -40 ~ 150℃，准确度为 2.0%，响应时间为 20ms）等。

2）流量传感器。

流量传感器主要用于发动机空气流量和燃料流量的测量。进气量是燃油喷射量计算的基本参数之一。空气流量传感器的功能为：感知空气流量的大小，并转换成电信号传输给发动机的电子控制单元。空气流量的测量用于发动机控制系统确定燃烧条件、控制空燃比、起动、点火等。空气流量传感器有旋转翼片式、卡门涡旋式、热线式、热膜式等 4 种类型。空气流量传感器的主要技术指标如下：工作范围为 0.11 ~ 103m^3/min，工作温度为 -40 ~ 120℃，准确度 >1%。燃料流量传感器用于检测燃料流量，主要有水轮式和循环球式，其动态范围为 0 ~ 60kg/h，工作温度为 -40 ~ 120℃，准确度为 ±1%，响应时间 <10ms。

传感器技术是实现自动控制、自动调节的关键环节，也是自动控制系统不可缺少的关键技术之一，其水平高低在很大程度上影响和决定着系统的功能；其水平越高，系统的自动化程度就越高。在一套完整的自动控制系统中，如果所选用的传感检测方法不能对被控对象的各项参数进行及时准确地检测，并转换成易于传送和处理的信号，就无法获得所需要的用于系统控制的信息，进而整个系统就无法正常有效地工作。因此，在选择各种传感装置时，应尽量选择可靠、适用于被控对象和环境、好配置、易维护、性价比适中、坚固耐用的产品。

4. 我国传感器技术的发展方向

就当前科学技术发展来看，我国传感器技术今后的发展方向主要有以下几方面：

（1）新材料的研发

随着材料行业对传感器敏感材料进一步的开发，传感器新敏感材料不断推出，高新材料已广泛用于新型传感器制造研发中。新材料的开发对传感器行业起着决定性的作用。

（2）向集成化、智能化、数字化发展

随着现代化的发展，传感器的功能已突破传统的功能，其输出不再是一个单一的模拟信号（如 0 ~ 10mV），而是经过微机处理后的数字信号。有的传感器会带信号处理与控制功能，即智能传感器。

（3）向微功耗及无源化发展

传感器一般具有将非电量信息转换为电量的功能，工作时离不开电源，开发微功耗的传感器及无源传感器是必然的发展方向。

4.2.4 计算机在控制系统中的应用

第一台电子计算机于 1946 年在美国问世。20 世纪 50 年代末，计算机用于过程控制；1962 年，英国帝国化学工业公司实现了一个 DDC 系统；20 世纪 60 年代后期，集成电路技术的发展，出现了适合工业生产过程控制的小型计算机；1972 年出现了微型计算机，微型机具有价格便宜、体积小、可靠性高等优点，使计算机控制由集中式的控制结构，也就是用一台计算机完成许多控制回路的控制任务，转变成分散控制结构，由此分布式控制系统（DCS）开始普及应用；从 20 世纪 80 年代后期到 90 年代，计算机技术又有了飞速的发展，微处理器已由 16 位发展到 32 位，并且进一步向 64 位过渡。

人工智能和知识工程方法在自动控制领域得到应用，模糊控制、专家控制、各种神经元网络算法在自动控制系统中同样得到应用。在故障诊断、生产计划和调度、过程优化、控制系统的计算机辅助设计、仿真培训和在线维护等方面也越来越广泛使用知识库系统（Knowledge Base System，KBS）和专家系统（Expert System，ES）。

20 世纪 90 年代随着分散控制系统的广泛使用和工厂综合自动化的要求，对各种控制设备提出了很强烈的通信需求，要求计算机控制的核心设备，如工业控制计算机、现场控制器、单回路调节器和各种可编程序控制器（PLC）之间具有较强的通信能力，使它们能很方便地构成一个大系统，实现综合自动化的目标——计算机集成制造系统。

1. 计算机控制系统的基本结构与特征

从模拟控制系统发展到计算机控制系统，控制器结构、控制器中的信号形式、系统的过程通道内容、控制量的产生方法、控制系统的组成观念均发生了重大变化。计算机控制系统在系统结构方面有自己独特的内容；在功能配置方面呈现出模拟控制系统无可比拟的优势。

将模拟自动控制系统中的控制器的功能用计算机来实现，就可构成典型的计算机控制系统，基本框图如图 4-11 所示。

计算机控制系统由硬件和软件两个基本部分组成。硬件指计算机本身及其外部设备，软件指管理计算机的程序及生产过程应用程序。只有软件和硬件有机结合，计算机控制系统才能正常运行。计算机控制系统的构成如图 4-12 所示。

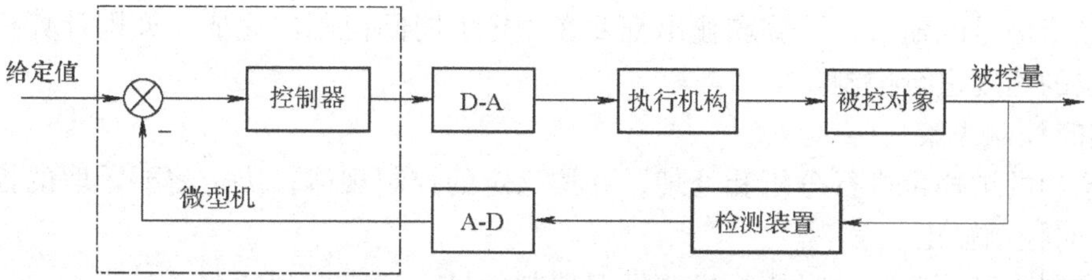

图 4-11　计算机控制系统基本框图

(1) 结构特征

计算机控制系统的执行控制功能的核心部件是计算机，是一种模数混合系统；其控制规律利用软件实现，便于实现复杂的控制规律；可同时控制多个回路；存在开环控制系统、闭环控制系统等不同类型的控制系统。

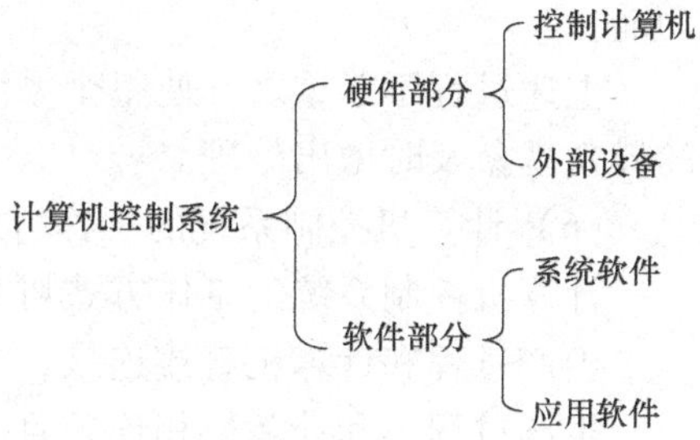

图 4-12　计算机控制系统的构成

(2) 信号特征

模拟控制系统中各处的信号均为连续模拟信号，而计算机控制系统中除仍有连续模拟信号外，还有离散模拟、离散数字等多种信号形式。

在控制系统中引入计算机，利用计算机的运算、逻辑判断和记忆等功能完成多种控制任务。由于计算机只能处理数字信号，为了信号的匹配，在计算机的输入和输出必须配置 A-D（模-数转换器）和 D-A（数-模转换器）。反馈量经 A-D 转换为数字量以后，才能输入给计算机。然后计算机根据偏差，按某种控制规律（如 PID 控制）进行运算，计算结果（数字信号）再经 D-A 转换器，将数字信号转换为模拟信号输出到执行机构，完成对被控对象的控制。

按照计算机控制系统中信号的传输方向，系统的信息通道由三部分组成：

1）过程输出通道，包含由 D-A 转换器组成的模拟量输出通道和开关量输出通道。

2）过程输入通道，包含由 A-D 转换器组成的模拟量输入通道和开关量输入通道。

3）人机交互通道，系统操作者通过人机交互通道向计算机控制系统发布相关命令、提供操作参数、修改设置内容等，计算机则可通过人机交互通道向系统操作者显示相关参数、系统工作状态、对象控制效果等。

(3) 控制方法特征

计算机控制系统除了包含连续信号外，还包含数字信号，因而计算机控制系统与模拟控制系统在本质上有许多不同，需采用专门的理论来分析和设计。常用的设计方法有两种：模拟调节规律离散化设计法和直接设计法。

(4) 功能特征

计算机系统的功能主要有：以软件代替硬件；数据存储功能；状态、数据显示功能；管理功能。

(5) 计算机控制系统的工作过程

计算机控制系统的工作过程可归结为如下四个步骤：

1）实时数据采集。

对来自测量变送装置的被控量的瞬时值进行检测并输入。

实时是指信号的输入、计算和输出都要在一定的时间范围内完成，亦即计算机对输入信息以足够快的速度进行控制。

2）实时控制决策。

对采集到的被控量进行分析和处理，并按已定的控制规律，决定将要采取的控制行为。

3）实时控制输出。

根据控制决策、适时地对执行机构发出控制信号，完成控制任务。

4）信息管理。

随着网络技术和控制策略的发展，信息共享和管理也是计算机控制系统必须完成的功能。

上述过程不断重复，使整个系统按照一定的品质指标进行工作，并对控制量和设备本身的异常现象及时做出处理。

（6）计算机控制系统的工作方式

计算机控制系统的工作方式可分为在线和离线两种方式。

生产过程和计算机直接连接，并受计算机控制的方式称为在线方式或联机方式。

生产过程不和计算机相连，且不受计算机控制，而是靠人进行联系并进行相应操作的方式称为离线方式或脱机方式。

2. 计算机控制系统的硬件组成

如图 4-13 所示，计算机控制系统的硬件主要由主机、I/O 接口、通用外部设备、检测元件与执行机构、操作台等部分组成。

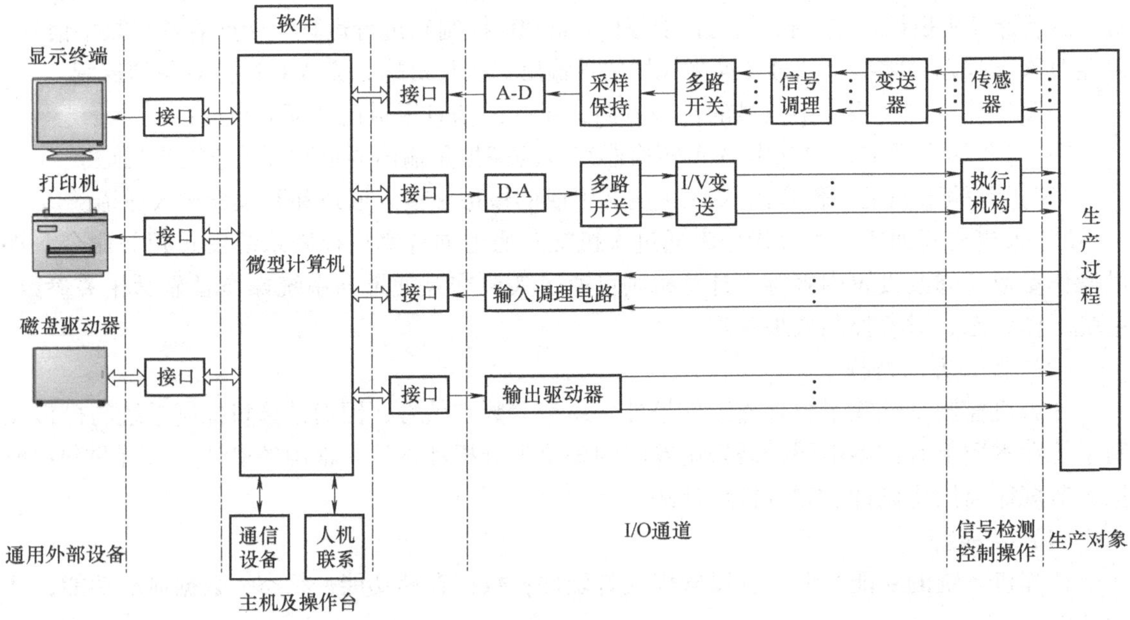

图 4-13　计算机控制系统的硬件组成框图

（1）主机

CPU、ROM、RAM 及时钟电路、复位电路等构成的计算机主机是组成计算机控制系统的核心部分，主要进行数据采集、数据处理、逻辑判断、控制量计算、报警处理等，通过接口电路向系统发出各种控制命令，指挥全系统有条不紊地协调工作。

(2) I/O接口

I/O接口与I/O通道是主机与外部连接的桥梁。常用的I/O接口有并行接口和串行接口等，它们大部分是可编程的。

I/O通道有模拟量I/O通道和数字量I/O通道。

模拟量I/O通道的作用是，一方面将由传感器得到的工业对象的生产过程参数变换为二进制代码传送给计算机；另一方面将计算机输出的数字控制信号变换为控制操作执行机构的模拟信号，以实现对生产过程的控制。

数字通道的作用是，除完成编码数字输入、输出外，还可将各种继电器、限位开关等的状态通过输入接口传送给计算机，或将计算机发出的开关动作逻辑信号由输出接口传送给生产机械中的各个电子开关或电磁开关。

(3) 通用外部设备

通用外部设备主要是为了扩大计算机主机的功能而设置的。它们用来显示、打印、存储和传送数据。常用的有打印机、记录仪、图形显示器（CRT）、U盘、硬盘等。

(4) 检测元件与执行机构

传感器的主要功能是将被检测的非电学量参数转变为电学量，变送器的作用是将传感器得到的电信号转换成适合于计算机接口使用的电信号（如DC0～10mA）。

此外，为了控制生产过程，还必须有执行机构。常用的执行机构有电动、液动、气动调节阀、开关，交、直流电动机，步进电动机等。

(5) 操作台

操作台是人机对话的联系纽带。通过它人们可以向计算机输入程序，修改内存的数据，显示被测参数以及发出各种操作命令等。它主要由以下四部分组成：

1) 作用开关。

如电源开关、操作方式（自动/手动）选择开关等。通过这些开关，人们可以对主机进行启停、设置和修改数据以及修改控制方式等。作用开关可通过接口与主机相连。

2) 功能键。

功能键主要包括复位键、启动键、打印键及工作方式选择键等，主要是为了操作方便。

3) LED数码管及CRT显示。

用来显示被测参数及操作人员感兴趣的内容，如显示数据表格、系统流程、开关状态以及报警状态等。

4) 数字键。

用来输入数据或修改控制系统的参数。

3. 计算机控制系统的软件分类

按功能分类，计算机控制系统的软件分为系统软件和应用软件两大部分。

系统软件一般是由计算机厂家提供的，用来管理计算机本身的资源、方便用户使用计算机的软件。它主要包括操作系统、各种编译软件、监控管理软件，这些软件一般不需要用户自己设计，它们只是作为开发应用软件的工具。

应用软件是面向生产过程的程序，如A-D、D-A转换程序，数据采样，数字滤波程序、标度变换程序、控制量计算程序等。应用软件大都由用户自己根据实际需要进行开发。应用软件的优劣，将给控制系统的功能、准确度和效率带来很大的影响，它的设计是非常重要的。

4. 计算机控制系统的类型

（1）操作指导控制系统

操作指导控制系统（Operational Information System，OIS）指计算机的输出不直接用来控制生产对象，而只是对系统过程参数进行收集、加工处理，然后输出数据。操作人员根据这些数据进行必要的操作。

（2）直接数字控制系统

直接数字控制系统（Direct Digital Control system，DDC）是计算机用于工业过程控制最普遍的一种方式。计算机通过输入通道对一个或多个物理量进行巡回检测，并根据规定的控制规律进行运算，然后发出控制信号，通过输出通道直接控制调节阀等执行机构。

（3）监督计算机控制系统

监督计算机控制系统（Supervisory Computer Control，SCC）是指计算机根据工艺参数和过程参量检测值，按照所设计的控制算法进行计算，计算出最佳设定值直接传给常规模拟调节器或者 DDC 计算机，最后由模拟调节器或 DDC 计算机控制生产过程。

（4）集散控制系统

集散控制系统（Distributed Control System，DCS）就是企业经营管理和生产过程控制分别由几级计算机进行控制，实现分散控制、集中管理的系统。这种系统每一级都有自己的功能，基本上是独立的，但级与级之间或同级的计算机之间又有一定的联系，相互之间实现通信。

（5）现场总线控制系统

现场总线是连接现场智能设备与控制室之间的全数字式、开放的、双向的通信网络。现在国际上流行的设备级的通信网络，如 CANBUS、LonWorks、PROFIBUS、HART、FF 等。由于采用现场总线，系统的信号传输实现了全数字化，从最底层逐层向最高层均采用通信网络互联。

现场总线控制系统结构采用全分散化，其节点是现场设备或现场仪表，如传感器、变送器、执行器等。现场设备具有互操作性，改变了 DCS 控制层的封闭性和专用性，不同厂家的现场设备既可互连也可互换，并可以统一组态；其通信网络为开放式互联网络，可极其方便地实现数据共享；且技术和标准可实现全开放，面向任何一个制造商和用户。

（6）计算机集成制造系统

计算机集成制造系统（Computer Integrated Manufacturing System，CIMS）是计算机技术、网络技术、自动化技术、信号处理技术、管理技术、系统工程技术等新技术发展的结果，将企业的生产、经营、管理、计划、产品设计、加工制造、销售及服务等环节和人力、财力、设备等生产要素集成起来，进行统一控制，求得生产活动的最优化。

CIMS 一般由集成工程设计系统、集成管理信息系统、生产过程实时信息系统、柔性制造工程系统及数据库、通信网络等组成。随着 CIMS 研究的进一步发展，人们将 CIMS 系统集成的思想应用到了流程工业中，获得了良好的设计效果。而流程工业与离散工业特征的区别，使得流程工业 CIMS 技术主要体现在决策分析、计划调度、生产监控、质量管理、安全控制等，其中核心技术难题在于生产监控和质量管理等。由于这些差别，有学者提出将流程工业的 CIMS 单独命名为计算机集成过程系统（Computer Integrated Process System，CIPS）。

5. 计算机控制系统的发展趋势

（1）综合自动化

综合自动化包括计算机集成制造系统（CIMS）和计算机集成过程系统（CIPS）。

CIMS 是基于制造技术（使用数控机床、机器人等加工）、信息技术、管理技术、自动化技术、系统工程技术的一门发展中的综合性技术。它的最大特点是多种技术的“综合”与全企业信息的“集成”，它是信息时代企业自动化发展的总方向。CIPS 的关键技术包括计算机网络技术、数据库管理系统、各种接口技术、过程操作优化技术、先进控制技术、软测量技术、生产过程的安全保护技术等，因而，综合自动化有非常广阔的发展前景。

（2）网络化

现场总线构成的 FCS 和嵌入式控制系统是工控系统的两大发展热点。发展以位总线（Bitbus）、现场总线（Fieldbus）等先进网络通信技术为基础的 DCS 和 FCS 控制结构，并采用先进的控制策略，向低成本综合自动化系统的方向发展，实现计算机集成制造系统（CIMS）。特别是现场总线系统越来越受到人们的青睐，将成为今后微型机控制系统发展的主要方向。虽然以现场总线为基础的 FCS 发展很快，最终将取代传统的 DCS，但其发展仍有很多工作要做，如统一标准、仪表智能化等。而传统控制系统的维护和改造还需要 DCS，因此，FCS 完全取代传统的 DCS 有个较长的过程。

（3）虚拟化

在数字化基础上，虚拟化技术的研究正在迅速发展。它主要包括虚拟现实（VR）、虚拟产品开发（VPD）、虚拟制造（VM）和虚拟企业（VE）等。

（4）绿色化

绿色自动化技术的概念，主要是从信息、电气技术与设备的方面出发，减少、消除自动化设备对人类、环境的污染与损害。其主要内容包括保证信息安全与减少信息污染、电磁谐波抑制、洁净生产、人机和谐、绿色制造等。这是全球可持续发展战略在自动化领域中的体现，是自动化学科的一个崭新课题。

4.2.5 智能控制系统

随着被控制对象越来越复杂化，其非线性、不确定性因素的影响也不断增强。借助于数学模型描述和分析的传统控制理论难以解决此类复杂系统的控制问题。因此，世界各国控制理论界的学者都在探索建立新一代的控制理论，以解决复杂系统的控制问题。近 30 年来，人工智能、知识工程、模糊逻辑、神经网络、遗传学等学科的发展为利用人类的智能行为对复杂系统进行控制创造了有利的条件，并逐步形成和完善了智能控制的相关理论。同时，微电子技术、集成电路技术、计算机技术的快速进展，尤其是微处理器的计算能力、实时性等方面的明显突破，为这些新理论的应用提供技术保证。1965 年，傅京逊提出把基于符号操作和逻辑推理的启发式规则应用于学习控制系统。1967 年，Leondes 和 Mendel 第一次使用了智能控制这一名词。1971 年，傅京逊确定了智能控制这一名称，提出了智能控制的二元结构。1985 年 8 月，IEEE 在美国纽约召开了第一届智能控制学术讨论会，智能控制原理和智能控制系统的结构这一提法成为这次会议的主要议题。这次会议决定，在 IEEE 控制系统学会下设立一个 IEEE 智能控制专业委员会。

可以预言，借助于数字控制技术的智能控制器已经在或正在越来越多的领域替代传统模拟控制器。同时我们必须注意到，智能控制器是通过模拟人的控制行为，如自适应、学习、在确定环境下的规划、逻辑推理和判断等，来达到对复杂系统的有效控制。因此，它所涉及的领域相当广泛，如人工智能、生物科学、脑神经科学、专家系统、知识工程、控制论、模糊集理论、神经网络理论和运筹学等。随着信息技术的发展，许多新方法和技术进入工程化、产品化阶段，这对自动控制技术提出全新的挑战，促进了智能理论在控制技术中的应用，以解决用传统的方法难以解决的复杂系统的控制问题。

1. 智能控制的定义

关于智能控制的定义有多种，目前还无法正确完整地对其进行定义。但是智能控制系统必须具有模拟人类学习和自适应能力的观点已经普遍接受。智能控制成为自动控制学科的前沿学科已是不争的事实。

智能控制的定义一：智能控制是由智能机器自主地实现其目标的过程。而智能机器则定义为，在结构化或非结构化的、熟悉的或陌生的环境中，自主地或与人交互地执行人类规定的任务的一种机器。

智能控制的定义二：把人类具有的直觉推理和试凑法等智能加以形式化或机器模拟，并用于控制系统的分析与设计中，以期在一定程度上实现控制系统的智能化，这就是智能控制。

智能控制的定义三：智能控制是一类无需人的干预就能够自主地驱动智能机器实现其目标的自动控制，也是用计算机模拟人类智能的一个重要领域。

智能控制的理论结构具有明显的多学科交叉的特点，根据傅京逊的观点，可以把智能控制（Intelligence Control，IC）看作是人工智能（Artificial Intelligence，AI）、自动控制（Automatic Control，AC）和运筹学（Operation Research，OR）三个学科相结合的产物，称为三元结构，如图 4-14 所示。

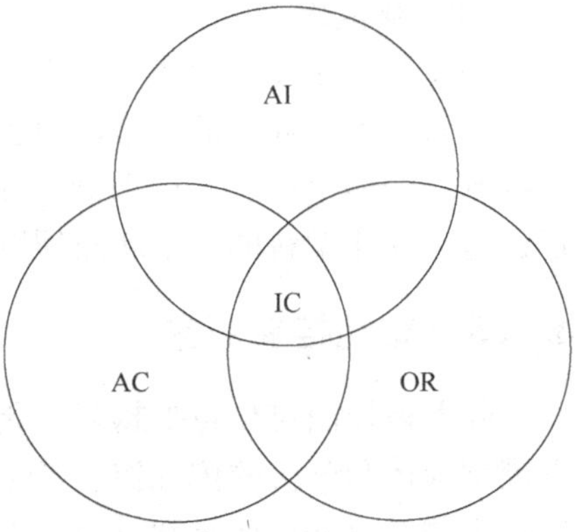

图 4-14　智能控制的三元结构图

人工智能（AI）：是一个知识处理系统，具有记忆、学习、信息处理、形式语言、启发式推理等功能。

自动控制（AC）：描述系统的动力学特性，是一种动态反馈。

运筹学（OR）：是一种定量优化方法，如线性规划、网络规划、调度、管理、优化决策和多目标优化方法等。

2. 智能控制技术的研究概况

智能控制是常规控制的延伸和发展。在过去的几十年中，常规控制特别是基于状态空间方法的现代控制理论，在理论上取得了辉煌的进展，并且已经在航空控制等领域得到了成功的应用。但是，由于严重依赖于控制对象模型的精确性，使得现代控制理论在处理难以建立精确数学模型的一些复杂工业过程和系统时，显示出了严重的不适应性和局限性。为了解决这类实际控制问题，一方面需要不断地完善现代控制理论，推动鲁棒控制、变结构控制和自适应控制等理论和方法的研究，另一方面需要开辟新的控制思路和控制途径，促使智能控制作为控制领域的一个新的分支不断发展。

现在，随着智能控制在众多工程领域里的成功应用，它已经成为控制理论和技术领域中最富有魅力和最具应用性的分支之一，受到了控制工程师们的广泛关注。一般认为，智能控制是指那些具有某些智能性拟人的非常规控制。这些拟人功能包括知识与经验的表示功能、学习功能、推理功能、适应功能、组织功能、容错功能等。智能控制的控制对象通常是具有多方面复杂特性的系统或过程，这类系统或过程的主要特征表现为高度的不确定性、高度的非线性以及高度复杂的任务要求，而采用常规的控制方法和手段难以取得满意的控制性能，或者根本无法实现有效的控制。智能控制技术的发展方向主要有基于人工智能技术的智能控制方向、智能控制的模糊控制方向和智能控制的人工神经网络控制方向，在智能控制的人工神经网络控制方向上，基于人工神经网络和模糊逻辑有机结合的神经模糊技术，已成为近年来的一个热门课题。

3. 智能控制的主要方法

智能控制技术的主要方法有模糊控制、基于知识的专家控制、神经网络控制和集成智能控制等。常用优化算法有遗传算法、蚁群算法和免疫算法等。

（1）模糊控制

模糊控制以模糊集合、模糊语言变量、模糊推理为其理论基础，以先验知识和专家经验作为控制规则。其基本思想是用机器模拟人对系统的控制，就是在被控对象的模糊模型的基础上运用模糊控制器近似推理等手段，实现系统控制。在实现模糊控制时主要考虑模糊变量的隶属度函数的确定，以及控制规则的制定，二者缺一不可。

（2）专家控制

专家控制是将专家系统的理论技术与控制理论技术相结合，仿效专家的经验，实现对系统控制的一种智能控制。主体由知识库和推理机构组成，通过对知识的获取与组织，按某种策略适时选用恰当的规则进行推理，以实现对控制对象的控制。专家控制可以灵活地选取控制率，灵活性高；可通过调整控制器的参数，适应对象特性及环境的变化，适应性好；通过专家规则，系统可以在非线性、大偏差的情况下可靠地工作，鲁棒性强。

（3）神经网络控制

神经网络模拟人脑神经元的活动，利用神经元之间的连接与权值的分布来表示特定的信息，通过不断修正连接的权值进行自我学习，以逼近理论为依据进行神经网络建模，并以直接自校正控制、间接自校正控制、神经网络预测控制等方式实现智能控制。

（4）学习控制

1）遗传算法学习控制。

智能控制是通过计算机实现对系统的控制，因此控制技术离不开优化技术。快速、高效、全局化的优化算法是实现智能控制的重要手段。遗传算法是模拟自然选择和遗传机制的一种搜索和优化算法，它模拟生物界生存竞争、优胜劣汰、适者生存的机制，利用复制、交叉、变异等遗传操作来完成寻优。遗传算法作为优化搜索算法，一方面希望在宽广的空间内进行搜索，从而提高求得最优解的概率；另一方面又希望向着解的方向尽快缩小搜索范围，从而提高搜索效率。如何同时提高搜索最优解的概率和效率，是遗传算法的一个主要研究方向。

2）迭代学习控制。

迭代学习控制模仿的是人类传统的学习方法，即通过多次的训练，从经验中学会某种技能，来达到有效控制的目的。迭代学习控制能够通过一系列迭代过程实现对二阶非线性动力学系统的跟踪控制。整个控制结构由线性反馈控制器和前馈学习补偿控制器组成，其中线性反馈控制器保证了非线性系统的稳定运行，前馈补偿控制器保证了系统的跟踪控制准确度。它在执行重复运动的非线性机器人系统的控制中是相当成功的。

4. 智能控制系统的特点

智能控制系统有如下几个特点：

1）学习能力。

根据环境信息改善自身性能的能力。

2）适应性。

适应对象、环境和运行环境变化的能力。

3）容错性。

对故障具有自诊断、屏蔽和自恢复的能力。

4）鲁棒性。

对干扰不敏感的能力。

5）组织功能。

对复杂任务和分散信息有自组织和自协调能力。

6）实时性。

良好的实时响应能力。

7）人机协作。

友好的人机交互能力。

5. 智能控制系统的应用

（1）工业过程中的智能控制

生产过程的智能控制主要包括两个方面：局部级和全局级。局部级的智能控制是指将智能引入工艺过程中的某一单元进行控制器设计，例如智能PID控制器、专家控制器、神经元网络控制器等。研究热点是智能PID控制器，因为其在参数的整定和在线自适应调整方面具有明显的优势，且可用于控制一些非线性的复杂对象。全局级的智能控制主要针对整个生产过程的自动化，包括整个操作工艺的控制、过程的故障诊断、规划过程操作处理异常等。

（2）机械制造中的智能控制

在现代先进制造系统中，需要依赖那些不够完备和不够精确的数据来解决难以或无法预测的情况，人工智能技术为解决这一难题提供了有效的解决方案。智能控制随之也被广泛地应用于机械制造行业，它利用模糊数学、神经网络的方法对制造过程进行动态环境建模，利用传感器融合技术来进行信息的预处理和综合；可采用专家系统的“Then-If”逆向推理作为反馈机构，修改控制机构或者选择较好的控制模式和参数；利用模糊集合和模糊关系的鲁棒性，将模糊信息集成到闭环控制的外环决策选取机构来选择控制动作；利用神经网络的学习功能和并行处理信息的能力，进行在线的模式识别，处理那些可能是残缺不全的信息。

（3）电力电子学研究领域中的智能控制

电力系统中发电机、变压器、电动机等电机电器设备的设计、生产、运行、控制是一个复杂的过程，国内外的电气工作者将人工智能技术引入到电气设备的优化设计、故障诊断及控制中，取得了良好的控制效果。遗传算法是一种先进的优化算法，采用此方法来对电器设备的设计进行优化，可以降低成本、缩短计算时间、提高产品设计的效率和质量。应用于电气设备故障诊断的智能控制技术有模糊逻辑、专家系统和神经网络。在电力电子学的众多应用领域中，智能控制在电流控制 PWM 技术中的应用是具有代表性的技术应用方向之一，也是研究的新热点之一。

以上三个例子只是智能控制在各行各业应用中的一个缩影，它的作用以及影响力将会关系国计民生。并且智能控制技术的发展也是日新月异，只有时刻关注智能控制技术，才能跟上其日益加快的技术更新步伐。

6. 智能控制系统的展望

智能控制已经获得迅速发展，并得到日益广泛的应用。越来越多的研究者从不同方向从事智能控制学科的研究工作，相信智能控制一定会以其新的成果对科学、技术、经济、社会以及人民生活做出巨大贡献。不过，智能控制是一门新兴的学科，无论在理论上或应用上，仍然不够完善，有待继续研究与发展。

（1）寻求更新的理论框架

与智能控制的目标和定义相比，智能控制研究尚存在一些需要解决的问题，这主要表现在宏观与微观分离、全局与局部隔开、理论与应用脱节等。这些问题和其他相关问题说明，人脑的结构和功能要比人们想象的复杂得多；人工智能和智能控制研究面临的困难要比估计的重大得多。同时也说明，要从根本上了解人脑的结构和功能，解决面临的困难，完成人工智能和智能控制的研究任务，需要寻找和建立更新的智能控制框架和理论体系，为智能控制的进一步发展打下稳固的理论基础。未来的新型智能控制理论是什么，我们需要深入研究智能控制的基本理论和概念，寻找至今尚未发现的新理论，建立新的智能控制机理。例如，建立控制知识和控制系统的统一描述，完整和系统地研究智能控制系统的稳定性、鲁棒性和动态特性，构造新一代基于模型的专家控制系统，以及开发新的基于仿生学和拟人学控制机制等。

（2）进行更好的技术集成

智能控制必须靠多学科的联合才能取得新的质的突破。智能控制技术是人工智能技术与其他信息处理技术，尤其是信息论、系统论、控制论和认识工程学等的集成。除此以外，还包括计算机网络、数据库、计算机图形学、语音与其他听觉技术、机器人学、过程控制、并行处理、光学计算和生物信息处理等技术，对于未来的智能控制系统还要集成认知科学、生理学、心理学、语言学、社会学、人类学、系统学和哲学等科学。

（3）开发更成熟的应用方法

为了实现智能控制，必须开发新的硬件和软件。实现智能控制固然需要硬件的保障，不过，软件应是智能控制的核心，因为控制器的智能化是整个智能控制的核心，而这一智能化基本上要靠软件技术来实现。由于智能控制应用问题的复杂性和广泛性，传统的软件设计方法已显得不适应和不够用。一个问题是，智能控制软件要执行的功能很可能随着控制系统的开发而变化。智能控制技术必须支持智能控制的开发实验，并允许控制系统有组织地从一个较小的核心原型逐渐发展成为一个完整的应用系统。在当前的智能控制应用方法研究中有许多引人注目的课题，譬如，提高运行速度、实现实时控制，提高对传感信息和环境的解释能力，设计新的模块化传感器和接口以及改善信息处理和识别能力等。在控制软件方面，研究课题可能包括：开发面向任务的独立和通用的程序设计语言；能够描述各种控制过程；处理缓慢变化信号和故障以及实现智能控制系统的优化等。

4.2.6 在线测量技术

对于科学技术来说，测量与控制是使其发展的促进因素，测量的准确度和效率在一定程度上决定着科学技术的水平。在现代制造系统的发展中，随着数控机床（NC）、加工中心（MC）、柔性制造系统（FMS）的普及以及智能制造系统（IMS）、计算机集成制造系统（CIMS）的兴起，制造系统向集成化、智能化的方向发展，而基于精密测量技术的数控系统必将有着广阔的发展前景。

1. 在线测量技术

现代测量技术是通过测量系统、被测系统和环境之间的相互作用，得到描述被测系统参数信息的过程。测量已经广泛地应用于工业和现代科学技术的各个领域，成为重要的研究学科。现代电子技术和集成电路工业的发展，对测量技术有着很大的推动作用。把敏感元件和调节电路集成于一体的传感器是集成电路技术在测量领域的一个杰出应用。传感器本身含有计算装置，可以完成修正误差、环境适应补偿、自诊断等工作，可以直接与数字计算机相互通信，传递测量结果和接受控制指令。用于测量的专用集成电路（ASIC）的发展，使计量仪器的结构走向模块化和规范化。

随着科学技术的迅猛发展，测量技术已成为一个国家综合发展的基础。如果没有先进的测量技术与测量手段，就无法生产出单项性能及综合性能均优良的产品，也谈不上发展现代高新尖端技术。因此，世界上工业发达的国家都非常重视研究和发展各种测量技术。这里所涉及的测量，具体是指机械加工生产过程中机械产品的成品及半成品的测量。按加工过程和测量过程是否在同一设备上进行，测量方法大致可分为离线测量和在线测量两种方式。

（1）离线测量

离线测量一般应用于大批量生产中，适用于流水生产线作业。加工与测量分别在专用设备上进行，在加工设备上加工完工件后需将工件移至测量设备上进行测量。这种测量方法不可避免地会带来二次装卡的误差，也易对工件造成损伤，如划伤表面、工艺变形等。

（2）在线测量

在线测量，简而言之是加工与测量在同一设备上进行的测量方法。如在安装了测头系统的数控机床上，工件经过一次装卡后即可完成加工与测量，省时省力，还能降低测量成本，也避免了二次装夹误差。这样不仅可以降低废品率，也可以尽早发现废品，避免造成加工浪费。

机械加工是先进制造技术的基层作业，是先进制造系统中最基本、最活跃的环节，其基本目标是实现产品既能低成本、高产率地生产，又能保证产品的质量。为了实现该目标，急需研究开发的关键技术之一就是机械加工在线测量技术。特别是在多品种小批量生产条件下，研究先进在线测量技术的意义尤其重大。

在线测量的优势体现在能将加工、检测和误差补偿集成在一起，实现加工前、加工中和加工后的高准确度自动测量，避免多次装夹引起的误差，大大减少辅助时间，保证机床的工作状态及加工准确度、降低废品率等。因此，数控机床在线测量技术不仅是柔性加工的重要监测手段之一，而且其所带来的经济效益也日益成为人们关注的焦点之一。

2. 在线测量技术在数控机床中的意义

数控机床是多学科、新技术的产物，是在微电子、计算机、自动控制、自动检测及精密机械制造等技术的基础上发展起来的新型机床。和普通机床相比，更适合单件小批量生产，特别适合材料昂贵、不允许报废、结构复杂、需要多工序加工的零件及生产周期要求短的急缺零件。

对于急速变化的市场激烈竞争，一方面，产品的加工装配速度成倍提高，以形成规模生产，产品以低成本、高质量赢得市场；另一方面，生产又向多品种、小批量方向发展，以满足社会需求的个性化、多样化，制造设备随之向高度自动化、柔性化、智能化方向发展，在组成、结构和功能上也日趋复杂。国际上，许多专业人士都力图为数控机床配备各种类型的监控、监测装置（如测头）对工件及刀具进行过程中监测，从而当发现工件超差、刀具磨损、破损，都能及时报警，并反馈给数控系统，给予补偿，或对刀具进行调换，以提高机床的自动化程度，保证数控机床长期工作时的产品质量。为满足各方面的需要，很多厂商及用户都希望在数控机床上配置各种加工准确度检测设备，并应用自动测量技术解决上述问题。

然而，无论是在国内还是在国外，数控加工过程中的质量问题，严重地制约着这些先进制造系统的总体效率的发挥，同时也制约着这些先进制造系统的迅速普及和推广。因此，基于数控机床的在线检测技术的发展为数控加工过程的质量检测提供了一套行之有效的方法。

同时，在机械加工领域，测量是加工的前提和基础，只有经过测量才能检验加工出的产品是否满足生产要求。当一批零件将要开始加工时，有大量的检测工作需要完成，包括夹具和零件的装夹、找正，零件编程原点的检测，首件零件的检测，工序间检测及加工完毕检测等。

在某些情况下，还可能有未知零件的检测。尤其对于超精密加工，相应的测量设备必须跟上，才能保证加工准确度达到设计的要求。因此，将测量设备集成到数控加工设备中，将机床的驱动轴作为测量仪的驱动轴，开发出具有在线测量功能的数控机床，才能适应机械加工高效、高产量的需求。

3. 数控机床在线测量系统的组成

数控机床的自动化设备要保持高度自动化以连续可靠的工作，需具有自动检测的功能。随着现代制造工业的不断发展，对数控机床的在线检测技术的要求也越来越高。只有对监测系统的组成和工作原理全面了解，并对监测系统的主要误差及其来源仔细分析，才能实现计算机辅助数控机床高准确度在线测量，尽量减小误差。

（1）系统的组成结构

将计算机引入数控机床在线检测是对数控机床＋探测头的在线检测系统的补充，利用计算机强大的计算、存储和开发功能，通过软件技术提高自动检测的准确度、效率和可操作性，可实现测量过程和测量结果的可视性，从而使数控机床在线检测技术提高到新的水平。数控机床在线测控系统方案如图 4-15 所示。

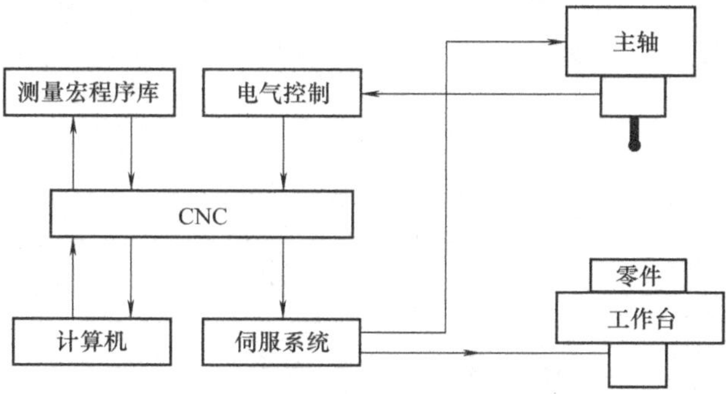

图 4-15　数控机床在线测控系统方案

（2）在线测量的原理

在数控机床上采用测头进行测量时，先将测头安装在机床的主轴上，然后工作人员手动控制机床移动，使测头测针上的触头接触到工件表面，由机床的数控系统实时地记录并显示主轴的位置坐标值。从而可以结合测针的触头与工件的具体位置关系，利用机床主轴的坐标值换算出工件被测量点的相关坐标值。获得工件的各个被测量点的相关坐标值以后，再根据各坐标点的几何位置关系进行相关计算，便可以获得最终的测量结果。

可以看出，无论是为了减少数控机床加工过程中产生的问题，保证其产品质量，还是提高机床自动化程度以实现其生产加工与测量检测的一体化，数控机床的在线测量技术的研究势在必行。

数控机床实现在线测量后，除了可以测量工件的形位公差，方便工件的安装调整，简化工装夹具，降低费用，缩短辅助时间，提高生产效率外，还可以根据测量结果自动修改加工程序，改善加工准确度。这样，数控机床既能加工设备，又兼具某些测量功能，从而更大程度上发挥其使用功能，使用户的机床投资得到更好的回报。

思 考 题

1. 图 4-4 给出了一种水位自动控制系统，你还能考虑出其他不同结构的水位自动控制系统么？
2. 列举出人工控制和自动控制的三种应用实例，从中找出控制对象、控制目的和调整手段并进行说明。
3. 简述仪器仪表在当今社会的作用。
4. 仪器仪表分哪几大类？
5. 常见的传感器有哪些？你能够利用网络和图书馆资源查找到这些传感器的工作原理吗？
6. 查找虚拟仪器相关的资料，并分析虚拟仪器与普通仪器的区别。
7. 能否找出三种以上的智能控制系统实例？并利用三元结构对所涉及的学科进行分析。

第5章 企业与测控技术的关系

测控技术是一门高新技术，以测控、测量、电子等学科为基础，涉及计算机技术、信息处理技术、电子技术、自动控制技术、测试测量技术、仪器仪表技术及网络技术等领域。现代科学技术的不断融入和飞速发展加快了测控技术的发展，使其正朝着智能化、集成化、微型化、虚拟化、网络化和远程化的方向大步迈进。作为一门实践性很强的技术，现代测控技术在工业、农业和生活等领域应用的广度和深度正不断扩大，并将为改进技术水平和提高生产率做出巨大的贡献。

5.1 企业概述

企业分类方法有很多，根据不同的分类方法可以划分为不同的类型。从企业所属的经济部门分，可划分为农业企业、工业企业、交通运输企业、金融服务企业等；根据企业使用的技术装备及生产力要素所占比重，可分为技术密集型企业和劳动密集型企业；根据企业规模，可划分为大型企业、中型企业和小型企业；根据企业内部结构，可划分为单厂企业、多厂企业和联合集团企业；根据生产资料所有制的性质和形式又可划分为国有企业、国有控股企业、私营企业、合作企业和混合所有制企业。根据企业在法律上的主体资格，可分为法人企业和非法人企业等。随着社会进步，这些不同类型的企业与测控技术的关系越来越紧密。

5.1.1 工业企业看测控技术

工业企业在国民经济中的比重占据绝对主导地位，对整个国家的发展影响深远。图5-1所示为中联重科股份有限公司（简称中联重科）的标志性宣传页，这是国内第一的工程机械企业。中联重科是一家高度重视测控技术与仪器的企业，各种重型设备的研发、调试均离不开测控技术与仪器的支持。

图5-1 中联重科股份有限公司的标志性宣传页

中联重科股份有限公司创立于 1992 年，主要从事建筑工程、能源工程、环境工程、交通工程等基础设施建设所需装备的制造，重大高新技术装备的研发制造，是一家持续创新的全球化企业。中联重科成立二十多年来，年均复合增长率超过 50%，为全球增长最迅速的工程机械企业之一。公司生产具有完全自主知识产权的 13 大类别、86 个产品系列，近 800 多种主导产品，为全球产品链最齐备的工程机械企业。公司的两大业务板块混凝土机械和起重机械均位居全球前两位。公司注册资本为 77.06 亿元，员工近 3 万人。2013 年，中联重科下属各经营单元实现收入近 800 亿元，利税近 90 亿元。上市以来，中联重科在上海、深圳上市公司综合绩效排名前列；2012 年，中联重科凭借优异的公司治理，第五次捧得“金圆桌”最佳董事会奖，成为中国工程机械行业上市公司唯一上榜企业及沪深股市获该奖项次数最多的上市公司；2013 年 4 月 18 日，跻身 2013 年福布斯全球企业 800 强的第 779 位，成为世界排名第六、国内第一的工程机械企业。

中联重科的前身是原建设部长沙建设机械研究院，拥有 50 余年的技术积淀，是中国工程机械技术发源地，传承国家级科研院所的技术底蕴和行业使命，中联重科坚持“高端导入、重点突破、全面赶超”的科技创新战略，通过高端技术创新体系不断攻克工程机械行业世界性科研难题，推出许多世界级产品，持续推动行业技术进步，被科技部、工信部、财政部等国家部委认定为全国首批“国家创新型企业”“国家技术创新示范企业”，获得我国混凝土机械行业第一个国家科技进步奖。2014 年，“超大型塔式起重机关键技术及应用”技术被评为“国家科技进步奖二等奖”，是迄今为止行业在该级别奖项中的最高荣誉。

中联重科的研发投入占年营业收入的 5% 以上，年均产生约 300 项新技术、新产品，对公司营业收入的年贡献率超过 50%。仅在 2011 年，中联重科就推出了全球最长碳纤维臂架泵车、全球最大履带式起重机、全球最大塔式起重机及全球最大吨位单钢轮振动压路机等世界领先产品。

全球经济一体化的趋势下，中联重科以产品系列分类，形成混凝土机械、工程起重机械、城市环卫机械、建筑起重机械、路面施工养护机械、基础施工机械、土方机械、专用车辆、液压元器件、工程机械薄板覆盖件、消防设备、电梯产品、专用车桥等多个专业分、子公司，正在构建一个国际工程机械的精品集合，打造一个国际化的工程机械产业集群。

国家战略性重点工程如风电、水电、核电和油田建设，均需使用重型装备进行吊装作业，但此类重型装备几乎被国外企业垄断，严重制约着国家能源发展命脉。究其原因，在于重型装备吊装复杂、机构多，使得重型装备的“心脏部件”动力系统的测量与控制技术异常复杂，这也成为我国长期未能突破的关键技术瓶颈。为了突破瓶颈，中联重科不仅设立了专门研发电控部件的电气控制技术分公司，还在核心测试控制技术方面投入大量人力、物力进行研究开发。2011 年初，中联重科的技术人员独辟蹊径地解决了超大动力源合与分流技术难题，提供了一种超重型装备作业时动力单元控制的新技术，并提交了发明专利申请。后来，以该专利为核心，中联重科又分别在液压控制、电气控制等 15 个技术点上提交了 24 件专利申请。2013 年，中联重科的“动力单元及其控制方法”和“起重机”两件专利摘得了中国专利金奖。

图 5-2　中联重科 101-7RZ 型混凝土泵车

以泵车为例，如图 5-2 所示的 101-7RZ 型混凝土泵车为中联重科混凝土机械公司全球研发中心节能项目组通过前期大量试验和系统性分析的结晶，以泵车为研发平台，总结现有泵送系统、分配系统、臂架系统之间功率分配规律，结合发动机油耗特性，研发出实现发动机输出功率与负载需求功率达到最佳匹配的工况自适应变功率控制技术。工况自适应变功率控制技术摒弃了之前的功率分配模式，从根本上解决了原有技术的诸多缺点，提高了发动机输出功率的利用率；通过内置的专家数据库，实现臂架动作与泵送作业的完美逻辑匹配，改善了泵送系统负载适应性。该技术通用性好，可在不改变原有系统的基础上，实现与原有技术的一键切换，能够在所有米段及所有底盘型号混凝土泵车上搭载。同时，该项技术可拓展应用到车载泵、挖掘机、搅拌车等工程机械设备上。

目前，工况自适应变功率控制技术已批量搭载于中联重科混凝土系列泵车上，客户反馈使用效果良好。2013 年 5 月 24 日，经国家工程机械质量监督检验中心测试，搭载该技术的中联某型号泵车泵送混凝土的综合油耗较同行产品低约 5%。

作为混凝土机械复合泵送控制技术的“新星”，该技术革新了传统的功率分配方式，各项性能指标均优于原有技术，大幅提升了公司产品的市场竞争力；工况自适应变功率控制技术将与其他控制技术携手并进，“从市场中来，到市场中去”，创造出最大化的经济价值。

2013 年，中联重科的“泵车及其控制方法和装置”发明专利又获 2013 年度湖南专利特别奖。该发明专利是泵车的一项基础关键技术的突破，首次赋予泵车智能感知、智能决策、智能控制功能，首次实现了大型多关节臂架类工程机械的智能安全姿态控制。专利产业化一年以来，新增利润超过 100 万元，社会效益显著。

5.1.2　规模企业看测控技术

规模企业不仅在生产过程中大量应用了测控技术，其发展又促进了测控技术产业的提升。宸鸿科技集团（简称宸鸿）是著名台资企业，旗下拥有宸鸿科技、宸阳光电科技、宝宸光学、威鸿光学、瑞士达光学与瑞世达科技等，从研发、制造到管理、销售及售后都拥有一批高素质的专业技术人员。宸鸿科技集团成立于 2003 年，目前已有员工约 36000 人。公司投资总额 3.98 亿美元，注册资本为 1.27 亿美元，主要从事触控显示器、触控系统、触控组件、触控屏幕、触控技术、应用软件、硬件、触控相关周边配件的研发、生产。宸鸿已成为透明玻璃投射电容技术的领导厂商，公司拥有垂直整合的生产制程，能提供客户全方位的触控技术应用解决方案，包括产品设计、研发到量产。宸鸿的一元化服务（One-Stop Shopping），更可协助客户大幅缩短产品开发、量产周期，以适应电子产业快速变迁的特质。

宸鸿发展壮大的重要原因是抓质量，重视测控技术与仪器在企业产品质量保障的作用，加大研发投入，重视市场发展。

触控是最直接、最人性的沟通方式。而目前在各种触控技术中，又以投射电容技术带给消费者最佳的使用体验。目前，宸鸿的主要产品为投射电容技术相关元件及模组，属于高技术门槛及高进入障碍的触控领域，无论在技术层次或产能均居世界领先地位，客户群也均为世界级领导厂商。

除了拥有多元化的产品应用与全方位解决方案外，宸鸿更具备了领先业界的触控技术。宸鸿的产品涵盖两片或多片玻璃或胶膜对贴制程的触控模组，如 Glass-Glass（GG）、Glass-Film-Film（GFF）及单层玻璃触控模组 Single Glass Solution（SGS），如 One Glass Solution（OGS）、Touch-on-Lens（TOL）、Glass-Film（GLF）等，在提高触控产品性能的同时，亦使触控产品变得更轻、更薄。

此外，宸鸿不断创新与研发更完善的多点触控解决方案和大尺寸触控解决方案，已拥有单面透明导电膜架构（Single Indium Tin Oxide Structure，SITO Structure）等上百项触控技术专利，成为触控行业内的翘楚。

宸鸿丰富的制程经验与精湛的工艺技术，保证了量产产品的高品质。宸鸿独有的黄光和白光制程，及独特的溅镀（Sputtering）、镀膜（Coating）、压合（Bonding）、化学强化（Chemical Strengthening）等工艺技术，在不断扩大产能的同时，始终保持竞争对手难以达到的高良率。

现在，宸鸿积极投入新技术和新材料的研发，例如超薄型感应器（Ultra-Thin Sensor）、折射率匹配（Index Matching）、透明导电材料（Transparent Conductive Material）等技术，将确保宸鸿在未来持续领先的竞争优势。

截至 2013 年 6 月，宸鸿在全球已申请一千多件专利，其中已获核准 500 多件。这些专利的内容涵盖了触控面板、感应电极、控制电路、保护上盖、感测电极材料及其制造方法、设备与机器等相关技术。这些知识产权将提升宸鸿产品的价值以及保障客户与合作伙伴的合法权益。

宸鸿在原有的移动电话（Mobile Phone）、平板计算机（Tablet PC）等消费性产品应用领域的基础上，近年来更积极地和多个应用领域的伙伴合作，开发出数位相机、车载设备（Automotive Monitor）、笔记本式计算机（Notebook）、超薄笔记本式计算机（Ultrabook）、一体成型计算机（All-in-One）以及大尺寸商用平台等多元化应用领域的触控模组。图 5-3 所示为宸鸿相关产品实例。

图 5-3　宸鸿相关产品实例

（1）车载设备

具备触控功能的车载设备，让使用者操作更加简单；并借由搭载更大的触控屏幕，带给使用者绝佳的用户体验。宸鸿开发的车载触控模组，符合车载产品严酷的环境测试标准，是客户极佳的合作伙伴。

（2）笔记本式计算机

具备触控功能的笔记本式计算机，配合各种独特设计的机构，将衍生出许多新的产品使用形态。宸鸿具备为笔记本式计算机优化设计的触控方案，提供客户从 7in 到 15. 6in 的多种屏幕尺寸选择。

（3）一体成型计算机

具备触控功能的一体成型计算机摆脱对滑鼠与键盘的依赖，更具操作便利性。宸鸿拥有专业的触控技术方案来满足 All-in-One 与其软体对于触控的需求。

（4）大尺寸商用平台

户外广告电视、公共场所的显示荧幕等，因为触控技术的应用而有效加强了互动性和实用性。宸鸿拥有专门应用于中大尺寸荧幕的触控技术方案，可满足客户对各种尺寸触控的需求。

在其他产品领域，如博弈系统、工业控制系统、医疗产品、携带型游乐器、触控式遥控器等，宸鸿也都有相应的触控方案。除此之外，宸鸿全系列触控产品（含荧幕及计算机）被广泛使用在包括零售业（收银台、自动结账系统等）、服务业（饭店、机场服务等）、银行业（提款机、客户服务系统等）、游戏机、展示系统、汽车业等。

触摸屏幕是未来车载中控的发展方向，自从特斯拉汽车应用触摸屏幕成功之后这已经基本变成业界的共识。图5-4所示为宸鸿在上海新国际博览中心举行的第九届上海国际汽车零配件、维修检测诊断设备及服务用品展览会上展出的触控汽车模型，产品配备了多个触摸屏幕，没有任何物理按键，集成了多个电容触摸按键，可实现导航、空调、收音机、多媒体播放、座位控制等功能。不仅如此，这些触摸屏还拥有更多特性，如采用金属网格技术的柔性触摸传感器可用于流线型表面和边缘，并防潮抗寒，从而支持手套触控操作；触控部分则依靠新型控制器实现响应迅速、触控精准和降低功耗的效果；添加近距感测功能，近距感测功能可以感测到正在接近的人手然后实施相应控制，至于具体如何控制汽车，厂商可以自由定制；可以让驾驶员用于对车内照明进行个性化定制等。

图5-4　宸鸿在上海展出的触控汽车模型

5.1.3　高新技术企业看测控技术

高新技术企业是指在国家重点支持的高新技术领域内，持续进行研究开发与技术成果转化，形成企业核心自主知识产权，并以此为基础开展经营活动，在中国境内（不包括中国香港、澳门、台湾地区）注册一年以上的企业。高新技术企业是知识密集、技术密集的经济实体，其快速发展离不开精密测控技术。福建中策光电股份公司（简称中策公司）位于福建省晋江市，成立于2007年9月，是一家专业从事光通信元器件的集设计、生产与销售于一体的高新技术企业，已通过ISO9001—2008国际质量管理体系和ISO14000：2004国际环境管理体系的认证。该公司获得“福建省科技型企业”“福建省创新型试点企业”“泉州市首届文明礼仪十佳企业”和“高新技术企业”等多项荣誉与资质，正在努力成为通信行业和光无源器件厂家的卓越供应商。

图5-5所示为中策公司的主要产品KTP晶体及生产车间，现已开发出C-lens透镜、光纤准直器、铌酸锂（$LiNbO_3$）、钒酸钇（YVO_4）、KTP、石英波片（Quartz Waveplate）、光隔离

器芯与隔离器等高性价比的光通信元器件。中策公司光学加工和镀膜的技术处于行业先进水平，资深精密切割、光学研磨抛光和镀膜工程都与测控技术与仪器密不可分。

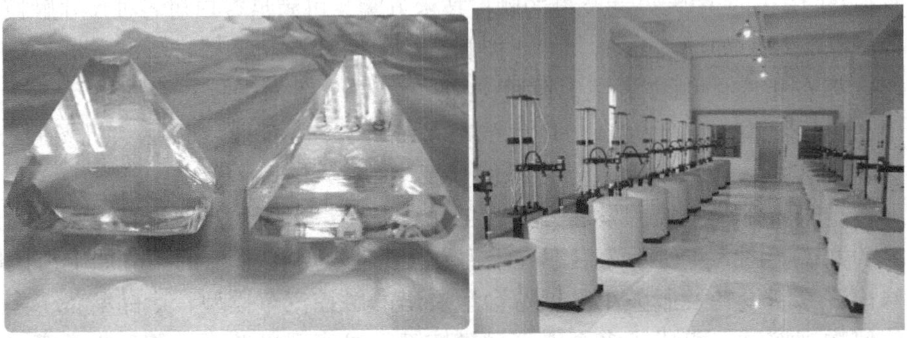

图 5-5　KTP 晶体及生长车间

在近二十年来，我国的光电子产业以 30% ~60% 的年平均速度发展，而晶体材料的研究和开发是光电子技术发展的先导和基础，因此具有广阔的发展前景。作为重要的光电子材料，晶体从科学研究到工业生产，从军用到民用，应用范围很广。近年来，由于新晶体的不断出现以及全固态激光、非线性倍频、差频、参量振荡等技术的发展，利用激光晶体得到的激光波长已涉及紫外、可见光到红外谱区，并被成功地应用于军事技术、宇宙探索、医学、化学等众多领域。

2014 年 3 月，中策公司自我研发的“大尺寸 KTP 晶体”项目，荣获“晋江市科技进步奖二等奖”荣誉称号。KTP 晶体是国际上公认的综合性能非常优越的非线性、电光和声光性能的光学晶体，具有高非线性系数、宽透过范围、大接收角及热稳定等特点。KTP 晶体是各种非线性光学和波导应用的理想材料，是目前绿色光源的最佳材料之一，是激光行业广泛应用的重要元件，可应用于舞台激光、绿光光源等领域。

KTP，即磷酸钛氧钾（$KTiOPO_4$）晶体，是一种优良的非线性（NLO）晶体，适用于制作 Nd 红绿激光器二倍频（Frequency doubling，SHG）器件。该晶体对波长 1064nm 倍频效率可达 80% 左右，在 900℃下不分解，晶体表面易抛光加工。

KTP 晶体最早是由美国通过水热法培育出来的，但由于水热法生长条件极其苛刻，KTP 晶体产业化生产迟迟无法实现。中策公司成功试制 KTP 晶体，采取的是自主研发的顶部籽晶生长法，完全可以做到量产，意义重大。自 2009 年立项研发 KTP 晶体开始，中策公司就成立了专门的项目小组，与国内知名大学晶体所的专家、教授不断进行技术切磋和交流，还通过改建厂房，为 KTP 晶体的生成提供了专业的环境，并购进专业的晶体生成设备，在实践中反复摸索，持续对设备进行改进，使其更具效率。

KTP 晶体的生长对温度、湿度、气压等要求都非常高，需要精密的测控技术来配合。在基本条件准备就绪后，中策公司开始加大投入设计新的生长温场系统、调整原料合成方法、探求并稳定生长工艺参数。最终，才生产出适合工业应用的大尺寸 KTP 晶体。

大尺寸 KTP 晶体作为中策公司自主研发的一款高规格 KTP 晶体，实现了在短周期内生长，重量达 250g 以上。目前出产的 KTP 晶体已初步实现了量产，工艺属国内先进水平，且产品性能均达到国家标准。

5.1.4　非工业企业看测控技术

非工业企业指不从事工业生产活动的单位，如农业、商业、医院等企业。益海嘉里是丰益国际在华投资的全资子公司，是世界知名的小包装油生产商之一。在中国境内 35 个城市设有企业 110 多家，在大型货运枢纽附近建立 58 个生产基地，现在益海嘉里规模宏大的生产、销售和物流网络，覆盖了中国多个省、市、自治区的 2839 个县市，拥有近 350 个销售处，1585 个经销商，5000 多家分销商，超过 100 万个终端保证供应。

经过二十余年的发展，益海嘉里产品涵盖了小包装食用油、大米、面粉、挂面、调味品、杂粮、豆奶、餐饮用油、特种油脂、油脂化工等 10 大领域，成功塑造出了中国著名品牌“金龙鱼”以及“胡姬花”“口福”“香满园”“元宝”等，在超过 35 个战略位置拥有 130 个以上大型综合加工厂，为消费者提供了丰富健康的粮油产品和便捷的服务。图 5-6 为益海嘉里部分粮油产品。

a)　　b)

图 5-6　益海嘉里部分粮油产品

创新是企业发展的灵魂，是动力，更是一种责任。为了满足全球消费者日益多元化的健康需求，丰益国际在上海设立全球研发中心，益海嘉里在母公司的全力支持下，与 200 多所高校和 5 个世界著名食品和营养权威学会展开合作，与多个跨国食品巨头建立战略合作伙伴关系。益海嘉里粮油产品在质量检测与控制环节应用测控技术，确保产品质量保持较高水平。

益海嘉里对成熟市场做进一步的市场细分，既有价位的细分，有风味的细分，也有健康的细分。该公司油脂原料加工程序采用全计算机自动化的测量与控制、全封闭操作，彻底清除有害物质，保留有效营养成分，杜绝外部污染，在流通环节，严格对储存、运输过程进行全过程跟踪和可追溯管理，具备了在 24 小时内对每件产品进行有效召回的能力，确保消费者获得安全放心的食用粮油产品。

益海嘉里于 2006 年开始涉足中国大米产业，2007 年底就开始和五常大米结缘，当年推出香满园御品国珍五常香米，深受消费者好评。黑龙江五常地区的稻花香品种，凭借其优秀的食味表现，力克群雄，成功入选为金龙鱼原香稻大米的原粮。根据金龙鱼全球研发中心的检测结果，五常大米食味值指标达到 88 分，食味品质足以同泰国茉莉香米和日本优质大米相媲美。图 5-7 所示为其大米自动加工设备，所加工出来的大米要经过色选，剔除对人体有害的黄曲米和砂、石等异物，确保成品米的质量。

图 5-7 大米自动加工设备

为了得到优质、安全、美味的大米产品，金龙鱼非常重视研发的作用。为此，专门从国外聘请了洛克菲勒大学终身教授、中国科学院外籍院士做指导，投入亿元研发资金，汇成“金龙鱼大米产业链创新技术”，该项技术通过“稻种培育”“订单农业”“专家田间管理”“优质优价收购”“低温储存”“科学加工”“充气保鲜”“稻壳发电”“米糠榨油”“稻壳灰提取”等方法，实现了金龙鱼大米的种植、加工、储存一体化，确保了大米的美味、安全和环保，并荣获了 2009 年度中国粮油学会科学技术一等奖。

大米在加工中，加工温度、碎米含量以及病斑、黄粒等不完善粒的数量，都对大米的新鲜度和口感具有重要影响。由于受到各种因素的影响，我国大米加工行业至今“小、散、低”的状况还相当突出，缺乏核心竞争能力和经济实力，总体的加工水平与国际水平相比，较为落后。

为了改变此现状，提高我国稻米的加工技术水平，金龙鱼大米的研发人员潜心研究各项加工参数对大米食味值的影响，并从国外引进大米加工设备，计算机全程监控生产线，烘干储藏加工全程低温，并严格控制各项指标，将优质水稻加工成高指标的精品大米，做成小包装进入商场超市，创出特有的“金龙鱼大米”品牌。

科学技术创新和严苛的质量管理，成为益海嘉里集团发展的有力保障，根据商务部零售监测数据，2009 年，益海嘉里小包装大米已经成为消费者购买频次最多的大米品牌。

2009 年，金龙鱼大米上市，益海嘉里开始向粮油品牌拓展，金龙鱼粮油业务由大米延伸到面粉、挂面。图 5-8 所示为面粉自动加工设备。是为位于北京大兴区的金龙鱼面粉加工厂里的生产加工与检测包装设备，全封闭、全自动，没有粉尘的缭绕，全程无人工操作，整个生产线运用了大量的测控技术，只需少数几个工人监管维护设备的正常运转，避免了人工操作中不卫生的一些现象。

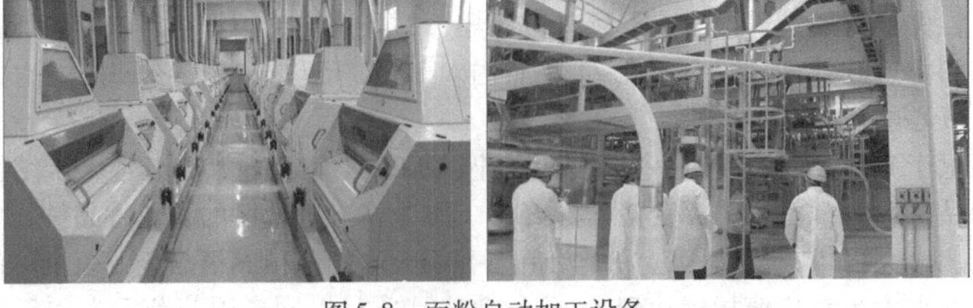

图 5-8 面粉自动加工设备

5.1.5 质量监管部门对测控技术要求

国家质量监督检验检疫总局和地方各级质量监督检验检疫局是我国产品质量监督管理的主管部门。国家质量监督检验检疫总局负责全国的产品质量监督管理工作，是《产品质量法》的组织、实施部门。地方各级质量监督检验检疫局是指县级以上各级质量监督检验检疫局，负责本行政区域内的产品质量监督管理工作，是产品质量监督管理的具体工作部门。此外，国务院有关部门以及县级以上地方人民政府有关部门在各自的职责范围内负责产品质量监督管理工作，在本行业内进行产品质量方面的行业监督和生产经营性管理工作。

企业生产的产品是否符合质量要求，需要送到相关质量监管部门进行检查。产品质量监督机构及有关组织，按照技术标准，对企业的产品质量进行评价、考核和鉴定，以促进企业加强质量管理，执行质量标准，保证产品质量，维护用户和消费者利益。例如，某企业有一种国内较先进的纳米材料，这种材料只有少数国家或高校检测中心能够检测，显然，检测费相当昂贵。这时，就要考虑质量成本问题。企业对此种材料用量较少，如果每批都要求其提供检测报告，对供应商将是一个极大的考验。为减轻供应商检测费用的压力，又使企业确信产品质量，这时也可以要求供应商定期或每供应一定数量的产品时提供一次权威检测报告、或对供应商的生产工艺过程进行认可。

泉州市产品质量检验所始建于1983年，是泉州市质量技术监督局直属技术机构，具有独立的法人资格，是福建省最早设立的地市级质量综合检测机构。位于泉州市区的所本部实验室面积为5000m^2，固定资产1800万元，仪器设备原值近1200万元，收存各种技术标准、科技资料30000余册。内设机构有化学部（食品、化工等）、物理部（机电、建材等）、办公室、业务室，是国家茶叶质量监督检验中心（福建）和福建省建筑陶瓷产品质量监督检验中心的母体机构。

（1）人员队伍

该所本部现有高级工程师11人，博士研究生1人，硕士研究生6人，专业技术人员占全所人员的80%以上，拥有国家注册的生产许可证审查员、3C工厂检查员、各类管理体系审核员和实验室评审员20多人。

（2）资质能力

经福建省质量监督检验检疫局计量认证/授权认可的检测能力达1798项（类），并有99项产品和参数的检测能力获国家实验室认可；可检测的产品类别覆盖食品、化工、机械、建材、五金电器、纸制品、文体用品、眼镜等产品。

（3）仪器设备

配备高效液相色谱-串联质谱联用仪（HPLC/MS/MS）、气相色谱-质谱联用仪（GC/MS）、高效液相色谱仪（HPLC）、气相色谱仪（GC）、离子色谱仪（IC）、电感耦合等离子体原子发射光谱仪（ICP-OES）、原子吸收分光光度计（AAS）、原子荧光光度计（AFS）、微波消解系统、细菌自动鉴定系统、低本底γ射线能谱仪、万能材料试验机等大型检测仪器设备。图5-9为泉州质检所部分检测设备。

设在该所的国家茶叶质量监督检验中心（福建）是经国家质量监督检验检疫总局批准设立并通过验收的国家级茶叶检验中心，为更好地服务茶产业和地方经济，中心在我国乌龙茶的主产区泉州市安溪县设立检测实验室。中心拥有Agilent、Varian、Waters、Thermo、

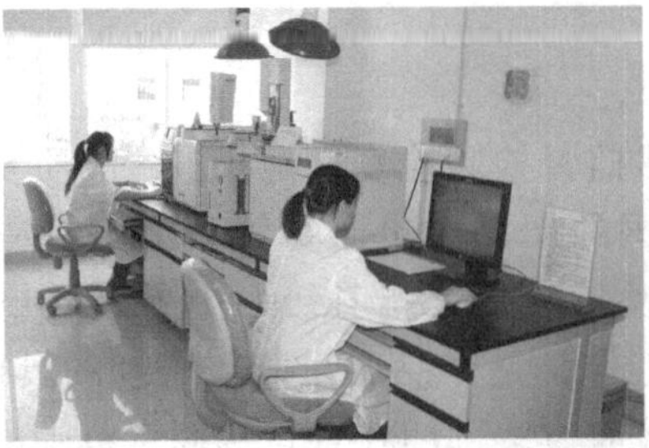

a)

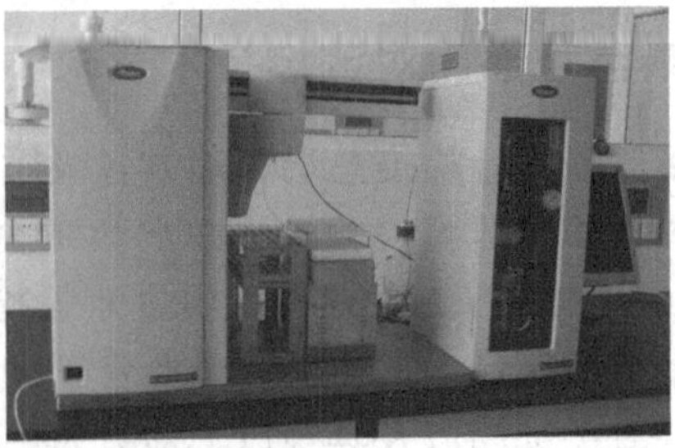

b)

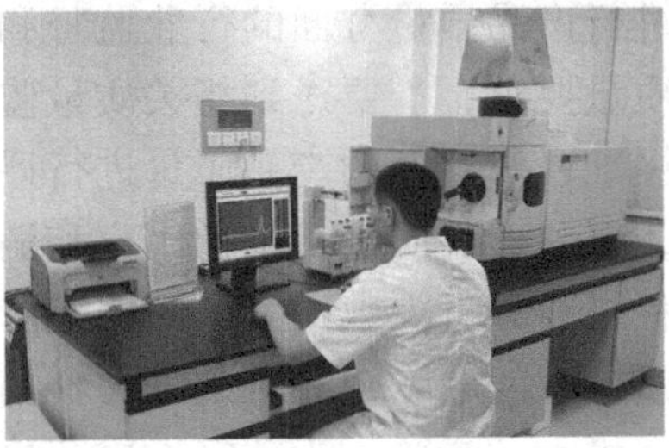

c)

图 5-9　泉州质检所部分检测设备

a）气相室操作气相色谱仪检测　b）凝胶色谱净化在线浓缩系统（GPC）　c）电感耦合等离子体发射光谱仪

PerkinElmer、J2 等欧美品牌的先进检测设备，配置有气相色谱仪（GC）、高效液相色谱仪（HPLC）、气质联用仪（GC-MS）、电感耦合等离子体发射光谱仪（ICP-AES）、凝胶色谱净化浓缩系统（GPC）、原子吸收分光光度计（AAS）和原子荧光光度计（AFS）等仪器设备，检测设备先进，设施完善；通过国家认证认可监督管理委员会的计量认证/审查认可授权、中国合格评定国家认可委员会的国家实验室认可的检验能力覆盖红茶、绿茶、乌龙茶、黄茶、白茶、黑茶六大茶类的国家和行业相关产品标准，检测参数包括茶叶产品的感官品质审评、理化项目、农药残留量和污染物检测、微生物检测等指标，产品标准和参数共计 152 项，检测能力处于国内同类检验机构的领先水平；中心和香港标准与检定中心签订了检测结果互认和检测合作协议，是全国茶叶标准化技术委员会乌龙茶工作组秘书处承担单位，先后参与 DB35/405—2000《安溪乌龙茶》GB/T 19598—2006《地理标志产品 安溪铁观音》、DB35/T 943—2009《地理标志产品　福建乌龙茶》等标准的制定、修订及乌龙茶、白茶国际标准提案的起草工作，中心还承担了福建省科技厅 2008 ~ 2010 年度社会发展重点项目科研课题和省级科研课题共 4 个，是一个以检测为主，集检测和科研为一体的科研型检测机构。

设在所本部的福建省建筑陶瓷产品质量监督检验中心是 1987 年经福建省质量监督检验检疫局批准设立的福建省首家挂靠在市级质检机构的省级质检机构，目前拥有高级工程师、博士生、硕士研究生等各类检测技术人员 16 人。20 多年来，福建省建筑陶瓷产品质量监督检验中心秉承“公正、科学、权威、高效”的理念，加强制度建设和技术管理，在人员素质、技术装备、检测能力和业务范围等都得到明显的提高和发展。在福建陶石材检测仪器配置方面，拥有低本底多道伽马能谱仪、液压压力试验机、数显弯曲强度试验机、全自动低温冻融试验装置、全自动陶瓷砖抗热振性试验机、陶瓷砖吸水率真空装置、陶瓷砖釉面抗龟裂蒸压釜、陶瓷砖釉面耐磨试验机、原子吸收分光光度计、电感耦合等离子体发射光谱仪、25 m^2 恒温恒湿室等大型石材建陶物理、化学性能检测仪器设备与设施，经计量认证/审查认可和国家实验室认可的检测能力覆盖各类陶瓷砖、烧结瓦、建筑琉璃制品、水泥及水泥制品、墙体材料、天然石材及石材制品等，技术装备和检测能力处于福建省内同类检测机构领先水平。

泉州市产品质量检验所及所属的国家茶叶质量监督检验中心（福建）和福建省建筑陶瓷产品质量监督检验中心承担了国家级、省市级质量监督部门下达的产品质量监督抽查、生产许可证发证检验、各级地方政府专项检验任务及社会各界的委托检验任务，并提供相关技术培训、实验室规划设计与管理、技术咨询等技术服务。机构严格按照 ISO/IEC17025：2005《检测和校准实验室能力的通用要求》（CNAS-CL01《检测和校准实验室能力认可准则》）和《实验室资质认定评审准则》的要求，建立和不断完善实验室质量管理体系，形成了以质量管理为核心的科学管理体系。

5.2　生活中的测控技术

除了卫星测控等非常专业的领域外，日常生活中较少听到“测控”这个名词。更多听到的是这个设备（工艺）是“自动化的”或“自动控制的”。其实上述功能的本质都是测控技术。

测控技术不仅应用于现代生产、科学研究、航空航天，也越来越多地应用于现代生活中。如家庭中的全自动照相机、洗衣机、电饭煲；建筑中的自动门禁、自动监控系统；银行里的 ATM 自动取款机；交通系统中的自动控制红绿灯等，测控技术已经深入到我们生活的每一个角落。

5.2.1　食品安全与测控技术

社会的发展和技术的进步，提高了人们的生活质量，食品是人们生活中最基本的必需品，食品消费也从注重数量向注重质量和安全转变。而随着经济全球化的加速，人们生活水平的不断提高，近几年我国食品加工业获得了空前的发展，各种新型食品层出不穷，食品安全问题也超越了国界，变成了全球性的问题。

每天只要打开电视，翻看报纸，都可以看到大量的各式各样的食品广告。走上街头，不论是在商场、超市，乃至街摊，食品都占据着市场的主要份额。而随着各行各业透明度的进一步提高，食品的质量问题也频频被媒体所曝光，使食品安全成为人们最普遍关心的问题。食品安全事关消费者的健康和安全，是目前公共健康面临的最主要威胁之一。影响食品安全的因素很多，如兽药、化学污染物、农药、禽流感、口蹄疫等，其中兽药和霉菌毒素等外源化合物残留是影响动物性食品安全的最主要的因素之一。除此之外，食品安全的另一个问题是大量抗生素使用后使动物产生的耐药性。食品安全是近年来国内外关注的焦点，尤其成为国际贸易中敏感的问题。20 世纪 80 年代意大利和波多黎各牛奶玉米霉烯酮残留造成数以千计的儿童性早熟事件、比利时的“二噁英”事件、我国 2000 年到现在每年发生的“瘦肉精”中毒事件、出口水产品氯霉素残留事件等，这些事件越来越引起人们对食品安全的高度重视。提高食品质量安全水平已成为我国迫切需要解决的重大问题，并已经引起各级政府和社会的高度重视。图 5-10 为 2014 中国国际食品安全与创新技术展览会的盛况。会议强调加强检测力度，加强监管体系，强调企业责任，确实保障食品安全。

图 5-10　2014 中国国际食品安全与创新技术展览会的盛况

保证国民身体健康，提高全民身心素质，科学技术在此方面有着不可代替的作用。法律法规可以对食品安全进行监管，对制售不安全食品行为进行制裁的手段。而如何知道一种食品是否安全，不安全的危害在哪里等，这些问题是法律所解决不了的，它有赖于科技手段的应用。测控技术可以对食品中病原体、农药、兽药、化学污染物等有害物质进行快速、高效的检测，确定有害物的残留限量，已成为食品安全的有力保障。如气相色谱技术可用于天然毒素、农药、食品添加剂、兽药等的快速定性与定量分析；生物传感器可应用于食品添加剂、致病菌、农药和抗生素、生物毒素等方面的快速测定。

欧美等发达国家自 20 世纪 60 年代开始对食品中药物残留进行了研究，70 年代就开展了食品药物残留的检测工作，现已形成了非常完善的检测体系。我国动物性食品药物残留的研究和监控工作起步较晚，检测技术及手段落后，限量标准和检测方法标准很不完善甚至缺乏，严重制约了对动物性食品安全的有效监控。

随着食品中安全卫生指标限量值的逐步降低，对食品安全中的测控技术提出了更高的要求，应向高技术化、速测化、便携化和信息共享等方向发展。就目前的科学技术来说，可能还有很多未被发现的不安全因素。所以从温饱到安全，从安全到科学，还有很长的路要走。

5.2.2 生活质量与测控技术

测控简而言之就是测量和控制，比如空调器，测量当前的室温，发信号控制其制冷，一直循环检测，直到温度达到设定值，再发信号停止制冷。现代化的家庭、高档酒店、办公写字楼、政府机关办公楼、大中小型企事业单位等一系列居所均或多或少采用了一些测控技术。图 5-11 所示为测控技术在生活中的应用。

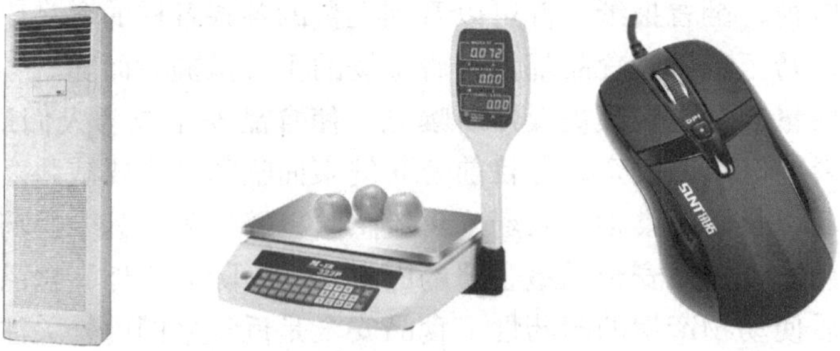

图 5-11　测控技术在生活中的应用

1. 测温仪——温度传感器的应用

温度传感器可以把温度转换为电信号，测温元件可以是热敏电阻、金属热电阻、热电偶和红外线敏感元件等。电信号可以远距离传出，因此温度传感器可以远距离读取温度。在半导体技术的支持下，20世纪开发了半导体热电偶传感器、PN结温度传感器和集成温度传感器。与之相应，根据波与物质的相互作用规律，相继开发了声学温度传感器、红外传感器和微波传感器。温度传感器是检测温度的器件，其种类最多，应用最广，发展最快。下面介绍各种温度传感器在生活中的一些具体应用。

（1）温度传感器在汽车中的应用

车用传感器是汽车电子设备的重要组成部分，担负着信息收集的任务。在汽车电喷发动机系统、自动空调系统中，温度是需测量和控制的重要参数之一。发动机热状态的测量、气体及液体温度的测量，都需要温度传感器来完成。因此，车用温度传感器是必不可少的。

由于发动机工作在高温以及蒸汽、盐雾、腐蚀和油泥污染的恶劣环境中，因此发动机控制系统用传感器耐恶劣环境的技术指标要比一般工业用传感器高1~2个数量级，其中最关键的是测量准确度和可靠性。否则，由传感器带来的测量误差将最终导致发动机控制系统难以正常工作或产生故障。

温度传感器主要用于检测发动机温度、吸入气体温度、冷却水温度、燃油温度以及催化温度等。温度用传感器有线绕电阻式、热敏电阻式和热偶电阻式三种主要类型。三种类型传感器各有特点，其应用场合也略有区别。线绕电阻式温度传感器的准确度高，但响应特性差；热敏电阻式温度传感器灵敏度高，响应特性较好，但线性差，适应温度较低；热偶电阻式温度传感器的准确度高，测量温度范围宽，但需要配合放大器和冷端处理一起使用。已实用化的产品有热敏电阻式温度传感器、铁氧体式温度传感器、金属或半导体膜空气温度传感器等。

（2）温度传感器在家用电器中的应用

温度传感器广泛应用于家用电器（微波炉、空调器、油烟机、吹风机、烤面包机、电磁炉、炒锅、暖风机、冰箱、冷柜、热水器、饮水机、洗碗机、消毒柜、洗衣机、烘干机以及中低温干燥箱、恒温箱等场合的温度测量与控制等）、医用/家用体温计，便携式非接触红外温度测温仪等许多方面。

下面以温度传感器在空调系统中的应用为例说明一下。温度控制器是对空调房间的温度进行控制的电开关设备。温度控制器所控制的空调房间内的温度范围一般为18~20℃。窗式空调器常用的温度控制器是以压力作用原理来推动触点的通与断。其结构由波纹管、偏心轮、微动开关等组成一个密封的感应系统和一个转送信号动力的系统。控制方法一般分为两种：一种是由被冷却对象的温度变化来进行控制，多采用蒸汽力式温度控制器，另一种由被冷却对象的温差变化来进行控制，多采用电子式温度控制器。

随着科学技术的发展，温度传感器向着集成工艺和多变量复合传感器、智能化传感器、网络化传感器的方向发展。各种不同类型的温度传感器将会越来越多地出现在人们的日常生活中，给人们带来极大的方便。

2. 电子秤——压力传感器的应用

应变片能够把物体形变这个力学量转化为电压这个电学量（输出应变片上下表面的电压值）。应变片多用半导体材料制成，当应变片的表面拉伸时，其阻值变大，反之变小，所以外力越大，输出的电压差值越大，根据电压的差值与被称物体质量的对应关系，就可测出物体的质量。

晶体是各向异性的，非晶体是各向同性的。某些晶体介质，当沿着一定方向受到机械力而发生形变时，就产生了极化效应；当机械力撤掉以后又恢复到不带电的状态，也就是说当受到压力的时候，某些晶体产生出电的效应，这就是所谓的极化效应，也就是压力传感器的理论依据。

3. 鼠标——光传感器的应用

鼠标中的红外接收管就是光传感器。鼠标移动时，带动 x、y 方向两个码盘转动，红外管接收到一个个红外脉冲信号，计算机分别统计 x、y 两个方向上的脉冲信号，就能确定鼠标的位置。

可以毫不夸张地说，从茫茫的太空，到浩瀚的海洋，以至各种复杂的工程系统，几乎每一个现代化项目，都离不开各种各样的传感器。测控技术从方方面面深入人们的日常生活，为现代化生活提供方便。相信随着技术发展，更加完美的测控技术将会带领人们进入更加完美的现代化生活。

思 考 题

1. 以煤炭、石油等能源企业为目标，通过网络查找资料，了解这些企业与测控技术的关系。

2. 通过网上搜索，查找 2 ~ 3 家国内知名的测控企业，了解其发展史和主要产品，它们产品的质量是怎样控制的？

3. 通过网络、实际走访等多种手段，对当地的企业进行一次调研，了解其生产设备的自动化水平。能够找到质量检测与保障系统吗？

4. 你的身边是否存在食品安全隐患？可用什么方法检测？

5. 试举出测控技术影响生活质量的三个事例。并试想如果没有了测控技术，人们的生活将变成怎样？

第6章　计量标准概述

计量标准是计量标准器具的简称，是指准确度低于计量基准的，用于检定其他计量标准或工作计量器具。它把计量基准所复现的单位量值逐级地传递到工作计量器具以及将测量结果在允许的范围内溯源到国家计量基准的重要环节。用以定义、实现、保持、复现单位或一个甚至多个已知量值的实物量具、测量仪器或测量系统，其目的是通过比较把该单位或量值传递到其他测量器具。广义地说，计量标准还可以包括用以保证测量结果统一和准确的标准物质、标准方法和标准条件。

标准的制定和类型按使用范围划分有国际标准、区域标准、国家标准、行业标准、地方标准、企业标准；按成熟程度划分有法定标准、推荐标准、试行标准、标准草案。标准的制定，国际标准由国际标准化组织（ISO）理事会审查，ISO理事会接纳国际标准并由中央秘书处颁布；我国国家标准由国务院标准化行政主管部门制定，行业标准由国务院有关行政主管部门制定，企业生产的产品没有国家标准和行业标准的，应当制定企业标准，作为组织生产的依据，并报有关部门备案。法律对标准的制定另有规定，依照法律的规定执行。制定标准应当有利于合理利用国家资源，推广科学技术成果，提高经济效益，保障安全和人民身体健康，保护消费者的利益，保护环境，有利于产品的通用互换及标准的协调配套等。

《中华人民共和国标准化法》将中国标准分为国家标准、行业标准、地方标准（DB）、企业标准（Q）四级。本章主要概述国家计量标准和企业标准。

6.1　国家计量标准

6.1.1　国家计量标准概述

国家标准是指由国家标准化主管机构批准发布，对全国经济、技术发展有重大意义，且在全国范围内统一的标准。国家标准是在全国范围内统一的技术要求，由国务院标准化行政主管部门编制计划，协调项目分工，组织制定（含修订），统一审批、编号、发布。法律对国家标准的制定另有规定的，依照法律的规定执行。国家标准的年限一般为5年，过了年限后，国家标准就要被修订或重新制定。此外，随着社会的发展，国家需要制定新的标准来满足人们生产、生活的需要。

国家计量检定规程（简称JJF）是在计量检定时对计量器具的适用范围、计量特性、检定项目、检定条件、检定方法、检定周期以及检定数据处理等所做出的技术规定。计量检定规程是判定计量器具是否合格的法定技术条件，是计量监督人员对计量器具实施计量监督、计量检定人员执行检定任务的法定依据。

6.1.2　国家计量标准的使用

国家计量检定规程通常由封面、目录、正文三部分组成。

1. 国家计量检定规程封面

封面主要由标准号、标准状态、归口单位、替代情况、实施日期、提出单位和起草单位组成，图 6-1 所示为光学角规的国家计量检定规程封面。

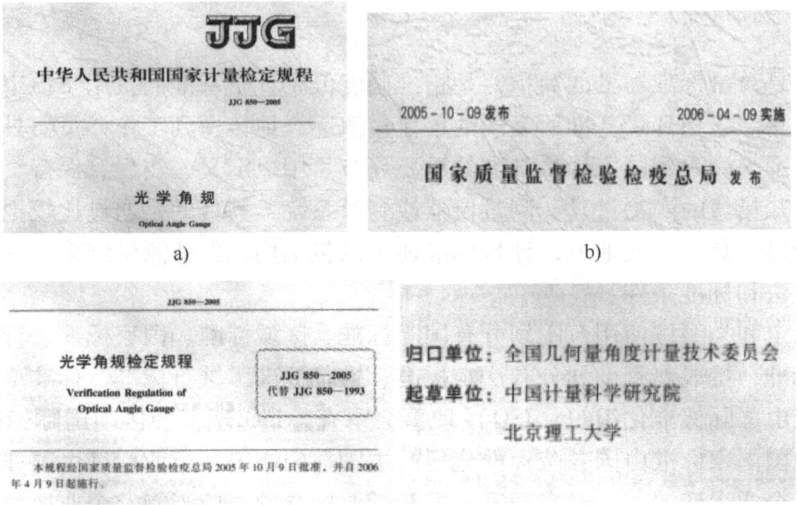
JJG
中华人民共和国国家计量检定规程
JJG 850—2005
光学角规
Optical Angle Gauge

a)

2005-10-09 发布　　2006-04-09 实施
国家质量监督检验检疫总局 发布

b)

JJG 850—2005
光学角规检定规程
Verification Regulation of Optical Angle Gauge
JJG 850—2005
代替 JJG 850—1993
本规程经国家质量监督检验检疫总局 2005 年 10 月 9 日批准，并自 2006 年 4 月 9 日起施行。

c)

归口单位：全国几何量角度计量技术委员会
起草单位：中国计量科学研究院
北京理工大学

d)

图 6-1　光学角规的国家计量检定规程封面

（1）标准号

标准号至少由标准的代号、编号、发布年代三部分组成。如图 6-1a 所示，该标准的标准号为 JJG 850—2005，其中代号为 JJG 即国家计量检定规程，编号为 850，发布年代为 2005 年。

（2）标准状态

自标准实施之日起，至标准复审重新确认、修订或废止的时间，称为标准的有效期，又称标龄。

（3）提出单位

指提出建议实行某条标准的部门。如图 6-1b 所示，该规程的提出单位是国家质量监督检验检疫总局。

（4）替代情况

替代情况在标准文献里就是新的标准替代原来的旧标准。即在新标准发布即日起，替代的旧标准作废。另外有种情况是某项标准废止了，而没有新的标准替代的。如图 6-1c 所示，JJG 850—2005 代替 JJG 850—1993 标准。

（5）实施日期

标准实施日期是有关行政部门对标准批准发布后生效的时间。如图 6-1c 所示，该规程经国家质量监督检验检疫总局 2005 年 10 月 9 日批准，并自 2006 年 4 月 9 日起施行。

（6）归口单位

实际上就是指按国家赋予该部门的权利和承担的责任、各司其职，按特定的管理渠道对标准实施管理。如图 6-1d 所示，该规程的归口单位为全国几何角度计量技术委员会。

（7）起草单位

负责编写某项标准的部门。如图 6-1d 所示，该规程的起草单位为中国计量科学研究院和北京理工大学。

2. 国家计量检定规程正文

国家计量检定规程正文主要包括范围、引用文献、概述、计量性能要求、通用技术要求、计量器具控制、附录。本节主要介绍一下文献、概述和计量性能要求。

（1）范围

主要是指规程的适用范围，如光学角规的国家计量检定规程适用于一等、二等、三等光学角规的首次检定、后续检定和使用中检验。

（2）引用文献

引用文献是指制定计量检定规程的参考文献，如 JJG 850—2005 的引用文献为：

JJF 1001—1998 通用计量术语及定义（已作废，被 JJF 1001—2001 代替）

JJF 1059—1999 测量不确定度评定与表示（已作废，被 JJF 1059.1—2012 代替）

JJF 1094—2002 测量仪器特性评定

GB/T 2831—1981 光学零件的面形偏差 检验方法（光圈识别）（已作废，被 GB/T 2831—2009 代替）

使用该规程时，应注意使用上述引用文献的现行有效版本。

（3）概述

主要简述计量检定规程的基本功能。如光学角规由楔形镜（包括消色差楔形镜）和镜座构成。光学角规外观图如图 6-2 所示。

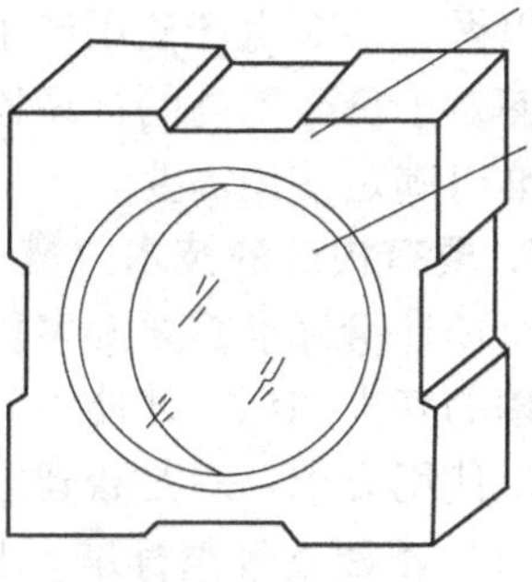

图 6-2　光学角规外观图

入射光线垂直于光学角规前表面经过楔形镜在上截面内产生偏折后的出射光线与入射光线之间形成的夹角为偏向角。光学角规在透射光路的水平面或垂直面内产生偏向角，偏向角作为小角度发生器可用于检定高准确度自准直仪的示值误差、圆分度检验仪细分误差，也可检定测角仪、光学经纬仪、分度头、分度台测微器的示值误差以及各种小角度计量器具的示值误差。

根据 JJG 2057—2006《平面角计量器具检定系统表》，光学角规分为三等，每套按偏向角的角值一般由 2″、4″、6″、8″、10″、20″、1′、2′、5′、10′共十块组成，可根据实际需要选择每套的块数。

6.2　企业标准

6.2.1　企业标准概述

企业标准是对企业范围内需要协调、统一的技术要求、管理要求和工作要求所制定的标准。企业标准由企业制定，由企业法人代表或法人代表授权的主管领导批准、发布。企业标准一般以“Q”为标准的开头。

《中华人民共和国标准化法》规定：企业生产的产品没有国家标准和行业标准的，应当制定企业标准，作为组织生产的依据。企业的产品标准须报当地政府标准化行政主管部门和有关行政主管部门备案。已有国家标准或者行业标准的，国家鼓励企业制定严于国家标准或者行业标准的企业标准，在企业内部适用。

企业是否考虑建立本企业的计量标准，应从以下几个方面来考虑：

1. 社会共用计量标准是否都能满足需要

各地区的法定计量技术机构都建立了许多种类的计量标准以满足本地区对计量器具的检定需要。企业可以根据本企业所拥有的计量器具种类、准确度等级寻找相应的社会共用计量标准，然后用送检的方法来达到检定的目的，否则，就要考虑自己建立本企业计量标准或送往外地检定。

2. 同一种类计量器具的检定数量

相同种类同等准确度的计量器具的检定数量多少，是考虑建标的主要因素。检定数量是指一年内用同一计量标准检定的计量器具的数量，检定数量是同种类同级别计量器具的数量乘以一年内的检定次数。如果计量器具的检定数量多，使用频繁，器具利用率高，检定周期短，是工艺流程的关键检测设备，就可以考虑在企业内部建立该项目的计量标准，便于及时检定，缩短检定时间，以保证在用计量器具的准确、可靠，达到保质保量地、及时地为生产提供服务的目的。另外还要考虑计量器具送检时间的长短。计量器具送到法定计量技术机构检定需要一定的检定时间，如果是送到外地检定，还需加上路途时间。如果一次要检定的计量器具数量较多，现场检定条件许可，那么计量检定部门可以派人进行现场检定，这样一般就可以做到不对生产使用产生较大影响。如果送检时间过长，影响到计量器具的使用，那么一方面对于价格不高的计量器具可考虑多备一套轮换使用；另一方面就要考虑建立本企业计量标准以满足使用需要。

3. 要有相应的技术力量

每项计量标准需要两名检定人员，他们既要懂得计量器具检定的专业知识，也要掌握计量管理的基本知识，才能管好、用好计量标准，才能开展正常的检定工作，使计量器具更好地满足使用要求。对是否建立计量标准要进行经济核算。

（1）不建立计量标准，与计量器具检定有关的经济因素

包括工作器具检定维修费用；工作器具送检运输费用；送检人员工时费和差旅费；器具送检或送修引起的设备停工损失；备用工作器具购置费用及维护费用等。

（2）建立企业计量标准应考虑的经济因素

包括计量标准的主标准器具及配套设备购置费和运输费；主标准器具及配套设备的检定及修理费用；送检人员工时费和差旅费；两名或以上检定人员工资福利费用；检定场所占有费用；保持检定环境条件所需要的设备的购置费用和维修费用；计量标准建立需依法经过计量行政部门的建标考核，每三年须进行复查。所以应算上计量标准装置的考核费用和复查费用。

前后两者费用的对比，或者能发挥更大的经济效益，这也是应重点考虑的因素之一。

总之，应从企业的整体利益出发，充分考虑建立计量标准对企业的利弊，做到既保证所用工作计量器具完好可靠，又能使企业发挥最大的经济效益。

6.2.2 企业标准的作用与意义

《中华人民共和国标准化法》中规定：“企业生产的产品没有国家标准和行业标准的，

应当制定企业标准，作为组织生产的依据”。随着我国市场经济的不断发展，人们对标准化工作重要性的认识越来越高，标准化是企业提高质量及市场占有率的重要手段。企业考虑是否建立计量标准可以根据其内部的需要，依据企业拥有的测量设备的数量和种类、使用频率以及在生产和经营管理中的作用等因素综合考虑。作为大中型企业，拥有的测量设备量大面广，有必要建立企业最高计量标准装置和隶属计量标准装置，用作统一企业量值的依据。

标准的主要作用是降低成本、减少变化、拥有便利性和兼容性、累积技术；而企业标准的编制不能脱离一般标准本身的特性，一定要从企业的实际工作出发并服务于企业。企业推行标准管理不仅是市场经济的必然要求，也是企业经营管理的有力工具。标准不仅不会限制人们的科技创新，而且有利于提高工作效率、提升产品质量和降低企业成本。企业以建立标准化管理体系为前提，同时有效地实施企业标准管理，这对促进企业技术进步，提升企业管理水平，提高产品质量，增强企业市场竞争力以及产品市场占有率都有着极其重要的作用和意义。

没有标准，企业不可能维持在较高的技术水平。创新与标准是企业提升技术水平的两大法宝。创新是使企业技术水平不断提升的驱动力，而标准则是防止企业技术水平下滑的制动力。推行企业标准管理体系有利于规范企业内部的管理行为（降低生产成本，提高产品质量，提升生产效益）。只要真正实施企业标准管理体系，就能更好地为顾客提供质量可靠、满意的产品，进而提升品牌的美誉度和知名度，为企业无形中创造出巨大的财富。标准内容的编写要严格、适用、科学、规范，编写格式应细致充分。企业标准编制不能脱离一般标准本身的特性，要从企业的实际出发并服务于企业。标准化不仅是市场经济的必然要求，也是企业经营管理的有力工具，标准化不仅不会限制人们的科技创新，而且有利于企业提高工作效率和降低企业成本。

思 考 题

1. 建立国家计量标准有哪些实际意义？你能够通过网络查询到我国的长度计量标准吗？
2. 光学角规国家标准由哪几个主要部分构成？
3. 建立企业标准的目的和意义是什么？在什么情况下需要建立企业标准？
4. 企业标准需要接受质量监督检测部门的监督检查吗？

第 7 章　测控技术发展概述

测控技术始终伴随着社会生产力的发展而发展，自然科学领域的新发现、工程技术的新发明，不断充实测控技术的内容，使其成为知识高度密集、高度综合的技术。近一百年来，测控技术无论在深度和广度上都取得了令人吃惊的发展，对人类社会产生了巨大的影响。

测控技术包括测量技术、控制技术和实现这些技术的仪器仪表及系统。测量是人们对客观事物所发生的现象取得数量观念的一种认识过程，它借助专门的设备仪器并通过适当的实验方法和必要的信号分析、数据处理来获得被测对象的量值。

7.1　高准确度测量技术

测量充满人类生活、生产和科研等各个领域的方方面面，人类社会的发展又促进了测量技术的发展。人类在生产活动中，“本能”地进行着多方面的原始性测量，例如，对狩猎对象远近的估测，以及为确定季节而进行的天文观测，因而在自身社会发展中创造并发展了测量学科。随着人类社会的形成和发展，生产、生活和贸易等活动的开展，需要更多的测量工具及简单的测量仪器，如土地丈量、漏量计时以及逐步统一的度量衡器。随着人类文明时代的到来，科学技术和生产活动的大规模开展及一系列重大突破催生并发展了这一科学。同时，测量器具、技术和理论的发展又促进了生产和技术的发展。

7.1.1　高准确度测量技术概述

近代科学和工业化的发展，促使测量学科一方面需要进行专业化分工；同时测试技术也要求突破经典的测量方法和技术，寻求新的测试原理与手段。

随着激光技术、精密计量光栅制造技术、计算机技术以及图像获取和处理技术的迅猛发展，已经开始将它们应用到高准确度测量领域，并形成了新的测量技术——高准确度测量技术。高准确度测量技术以光学为基础、融入了光电子学、计算机技术、激光技术、图像处理技术等现代科学技术，组成光、机、电、算和控制技术一体化的综合测量系统。

激光由于有优异的单色性、方向性和高亮度，使它在多方面得到应用。例如，激光在加工工业中被用来完成打孔、焊接、切割、快速成型，在医学中制造了激光手术刀、激光近视眼治疗仪、激光辐照仪，在 IT 产业中大量用来做光通信、光存储、光信息处理的光源，在近代的科学研究中用于受控核聚变、光谱分析、操纵原子、诱导化学反应乃至探索宇宙的起源，但是其最早期的应用还是在计量领域。尤其因为它可以与自然基准——光的波长直接相联系，实现高准确度测量，在长度测量领域得到了大量的应用。本节介绍激光在高准确度测量中的应用。

激光的高度相干性使它一经发明就成为替代氪 86 作为绝对光波干涉仪的首选光源，经过几十年的发展，激光干涉计量已经走出实验室，成为可以在生产车间使用的测量检定标准，激光衍射测量也成为许多在线控制系统的长度传感器。激光的良好方向性和极高的亮度不仅为人们提供了一条可见的基准直线，而且为长距离的光电测距提供了可能。

1. 激光干涉测长

干涉测量技术是以光的干涉现象为基础进行测量的一门技术。在激光出现以后，加之电子技术和计算机技术的发展，隔振与减振条件的改善，干涉技术得到了长足进展。干涉测量技术大多数是非接触测量，具有很高的测量灵敏度和准确度，而且应用范围十分广泛。常用的干涉仪有迈克尔逊干涉仪、马赫-曾德干涉仪、菲索干涉仪、泰曼-格林干涉仪等；20 世纪 70 年代以后，具有良好抗环境干扰能力的外差干涉仪，如双频激光干涉仪、光纤干涉仪也很快地发展了起来。激光干涉仪越来越实用，性能越来越稳定，结构也越来越紧凑。

（1）干涉测长的基本原理

激光干涉测长的基本光路是一个迈克尔逊干涉仪（见图 7-1），用干涉条纹来反映被测量的信息。干涉条纹是接收面上两路光程差相同的点连成的轨迹。激光器发出的激光束到达半透半反射镜 P 后被分成两束，当两束光的光程相差激光半波长的偶数倍时，它们相互加强形成亮条纹；当两束光的光程相差半波长的奇数倍时，它们相互抵消形成暗条纹。两束光的光程差可以表示为

$$\Delta = \sum_{i=1}^{N} n_i l_i - \sum_{j=1}^{M} n_j l_j \tag{7-1}$$

式中，n_i，n_j分别为干涉仪两支光路的介质折射率；l_i，l_j分别为干涉仪两支光路的几何路程。

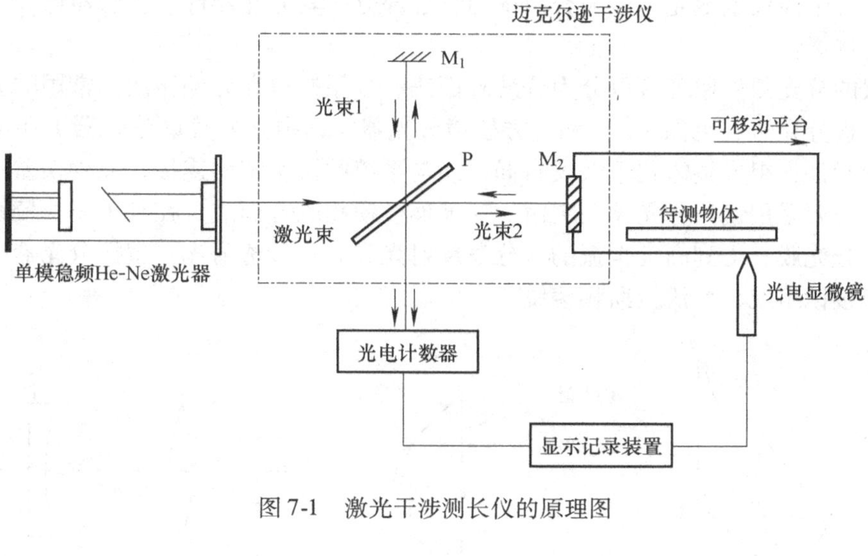

图 7-1　激光干涉测长仪的原理图

将被测物与其中一支光路联系起来，使反光镜 M_2 沿光束 2 方向移动，每移动半波长的长度，光束 2 的光程就改变了一个波长，于是干涉条纹就产生一个周期的明、暗变化。通过对干涉条纹变化的测量就可以得到被测长度。

被测长度 L 与干涉条纹变化的次数 N 和干涉仪所用光源波长 λ 之间的关系为

$$L = N\frac{\lambda}{2} \tag{7-2}$$

式（7-2）是激光干涉测长的基本测量方程。

从测量方程出发可以对激光干涉测长系统进行基本误差分析，有

$$\frac{\Delta L}{L}=\frac{\Delta N}{N}+\frac{\Delta\lambda}{\lambda}，即\ \delta L=\delta N+\delta\lambda \tag{7-3}$$

式中，δL，δN，和 $\delta\lambda$ 分别为被测长度、干涉条纹变化计数和波长的相对误差。

这说明被测长度的相对误差由两部分组成，一部分是干涉条纹计数的相对误差，另一部分是波长也就是频率的相对误差。前者是干涉测长系统的设计问题，不是本书研究的内容。后者除了与前面讲过的激光稳频技术有关之外，还与环境控制，即对温度、湿度、气压等的控制有关。因此激光干涉测长系统测量误差必须根据具体情况进行具体分析。

（2）激光干涉测长系统的组成

除了迈克尔逊干涉仪以外，激光干涉测长系统还包括激光光源、可移动平台、光电显微镜、光电计数器和显示记录装置。激光光源一般是采用单模的 He-Ne 气体激光器，输出的是波长为 632.8nm 的红光。因为氦氖激光器输出激光的频率和功率稳定性高，它以连续激励的方式运转，在可见光和红外光区域里可产生多种波长的激光谱线，所以 He-Ne 气体激光器特别适合用作相干光源。为提高光源的单色性，对激光器要采取稳频措施。可移动平台携带着迈克尔逊干涉仪的一块反射镜和待测物体一起沿入射光方向平移，由于它的平移，使干涉仪中的干涉条纹移动。光电显微镜的作用是对准待测物体，分别给出起始信号和终止信号，其瞄准准确度对测量系统的总体准确度有很大影响。光电计数器则对干涉条纹的移动进行计数。显示和记录装置是测量结果的输出设备，显示和记录光电计数器中记下的干涉条纹移动的个数及与之对应的长度，可以用专用计算机或通用 PC 替代。

迈克尔逊干涉仪是激光干涉测长系统的核心部分，其分光器件、反射器件和总体布局有若干可能的选择。

干涉仪的分光器件原理可以分为分波阵面法、分振幅法和分偏振法。常用的分光器有分振幅平行平板分光器（见图 7-2）和立方棱镜分光器。其中立方棱镜分光器上还可以胶合干涉仪的其他元件，组成整体式干涉仪布局，能与系统的机座牢固连接，减少误差。在偏振干涉仪系统中需要采用偏振分光器，它由一对玻璃棱镜相胶合而成，在其中一块棱镜的胶合面上蒸镀偏振分光膜，得到高度偏振的 S 分量反射光和 P 分量透射光。偏振分光器也可由晶轴正交的偏光棱镜组成，如沃拉斯顿棱镜。

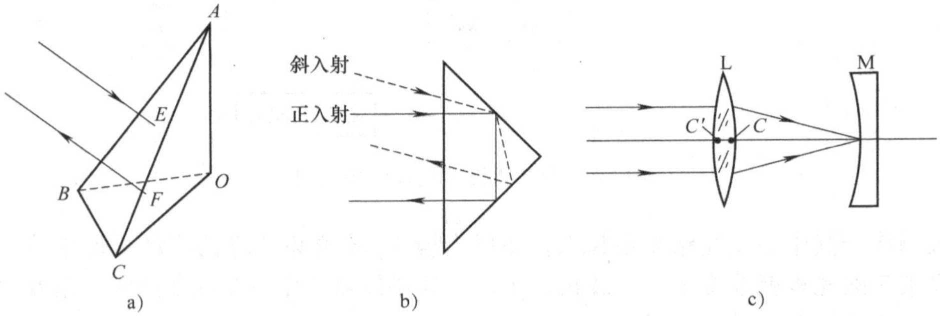

图 7-2 分振幅平行平板分光器

a）角锥棱镜反射器 b）直角棱镜反射器 c）猫眼反射器

干涉仪常用的反射器件中最简单的是平面反射器，这种器件的偏转将产生附加的光程差，在采用多次反射以提高测量准确度的系统或长光程干涉仪中此项误差不可忽略。角锥棱镜反射器（见图 7-2a）的反射光与入射光反向平行，具有抗偏摆和俯仰的性能，可以消除偏转带来的误差，是干涉仪中常用的器件。直角棱镜反射器（见图7-2b）只有两个反射面，加工起来比较容易，并只对一个方向的偏转敏感。猫眼反射器（见图7-2c）由一个透镜L和一个凹面反射镜M组成，反射镜放在透镜的焦点处，若反射镜的曲率中心C'与透镜的光心C重合，当透镜和反射镜一起绕着C旋转时，光程保持不变。猫眼反射器的优点是容易加工和不影响偏振光的传输，而且在光程不太长时，还可以用平面反射镜代替凹面反射镜，更容易加工与调整。

（3）激光外差干涉测长技术

激光的发明和应用使干涉测长技术提高了准确度，扩大了量程并且得到了普及，但是使干涉测长技术走出实验室进入车间，成为生产过程质量控制设备的是激光外差干涉测长技术，具体来讲就是双频激光干涉仪。

激光干涉仪产生的干涉条纹变化频率与测量反射镜的运动速度有关，在从静止到运动再回到静止的过程中对应着频率从零到最大值再返回到零的全过程，因此光强转化出的直流电信号的频率变化范围也是从零开始的。这样的信号只能用直流放大器来放大处理。但是在外界环境干扰下，干涉条纹的平均光强会有很大的变化，以至于造成计数的错误。所以一般的激光干涉仪抗干扰能力差，只能在恒温防振的条件下使用。为了克服以上缺点，可以在干涉仪的信号中引入一定频率的载波，使被测信号通过这一载波来传递，使得干涉仪能够采用交流放大，隔绝外界环境干扰造成的直流电平漂移。利用这种技术设计的干涉仪称作外差干涉仪，或交流干涉仪。产生干涉仪载波信号的方法有两种，一种是使参与干涉的两束光产生一个频率差，这样的两束光相干的结果会出现光学拍的现象，转化为电信号以后得到差频的载波，另一种是在干涉仪的参考臂中对参考光束进行调制，与测量臂的光干涉直接生成载波信号。前者称为光外差干涉，而后者常称为准外差干涉。

2. 激光衍射测量

衍射是波在传播途中遇到障碍物而发生偏离直线传播的现象。由于光的波长较短，只有当光通过很小的孔或狭缝、很小的屏或细丝时才能明显地察觉到衍射现象。因此反过来，当观察到明显的衍射现象时，产生衍射的物体是很小的。这就告诉人们，衍射现象可以用作精密测量。但是观察到明显的衍射现象需要一个基本条件，即高度的相干性。用普通光源只能在条件很好的实验室中才能观察到可供测量的衍射图像。激光发明后，高度的相干性变得很容易获得，因此衍射测量变成一种普通的可用于生产现场的精密测量手段。激光衍射测量方法同时具有非接触、稳定性好、自动化程度及准确度高等优点，因而被广泛应用。

（1）激光衍射的测量原理

光的衍射现象，按衍射物和观察衍射条纹的屏幕（即衍射场）之间的位置关系一般分为两种类型：菲涅耳衍射和夫琅禾费衍射，前者是有限距离处的衍射现象，即观察屏到衍射物的距离比较小的情况，也称近场衍射。后者是无限距离处的衍射现象，在观察屏离衍射物可以近似做无限远时才能观察到，也称远场衍射。因为透镜的后焦面的共轭面就在无限远处，所以用透镜可以观察到准确的夫琅禾费衍射。在实际的衍射测量系统中透镜得到广泛的应用。

用于衍射测量系统的衍射物通常只有两种，一种是单缝，一种是圆孔。以下从介绍单缝和圆孔衍射测量原理出发对激光衍射测量方法进行全面讨论。

激光单缝衍射测量的基本原理是单缝夫琅禾费衍射，图7-3为衍射测量原理图。用激光束照射被测物与参考物之间的间隙，当观察屏与狭缝的距离 $L >> b^2/\lambda$ 时，形成单缝远场衍射，在观察屏上看到清晰的衍射条纹。条纹的发光强度可表示为

$$I = I_0 \frac{\sin^2\beta}{\beta^2} \tag{7-4}$$

式中，$\beta = \left(\frac{\pi b}{\lambda}\right)\sin\theta$，$\theta$ 为衍射角；I_0 为 $\theta = 0°$ 时的发光强度，即光轴上的发光强度。

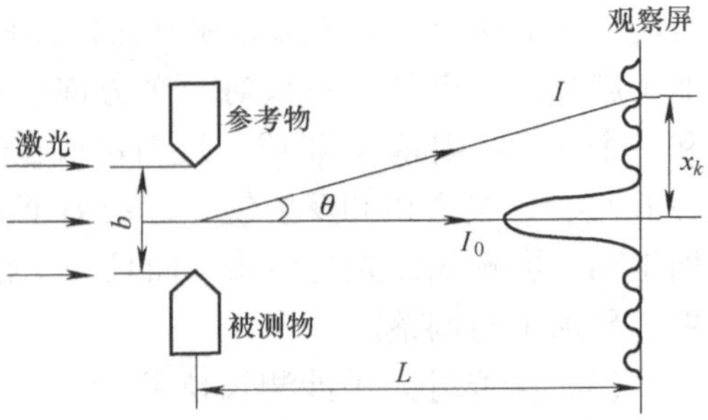

图 7-3　衍射测量原理图

由式（7-4）可以得出，当 $\beta = \pm\pi$，$\pm 2\pi$，…，$\pm n\pi$ 时，出现一系列 $I = 0$ 的暗条纹。测定任一个暗条纹的位置及其变化就可以精确知道被测间隙 b 的尺寸及尺寸的变化，这就是衍射测量的基本原理。

1）单缝衍射测量的基本公式。

对第 k 个衍射暗条纹有 $\left(\frac{\pi b}{\lambda}\right)\sin\theta = k\pi$，即 $b\sin\theta = k\lambda$，当 θ 不大时，$\sin\theta = \tan\theta = \frac{x_k}{L}$（式中，$x_k$ 为第 k 级暗条纹中心距中央零级条纹中心的距离），所以

$$b = \frac{kL\lambda}{x_k} \tag{7-5}$$

式（7-5）就是衍射测量的基本公式。当用 $L = f$ 测量时，已知 λ、f，测定出第 k 个暗条纹的 x_k，便可由式（7-5）算出间隙 b 的精确尺寸。当被测物体尺寸改变 δ 时，相当于狭缝尺寸 b 改变 δ，衍射条纹的位置也随之改变，可得

$$\delta = b - b_0 = kL\lambda\left(\frac{1}{x_k} - \frac{1}{x_{k0}}\right) \tag{7-6}$$

式中，b，b_0 分别为起始缝宽和变化后的缝宽；x_k，x_{k0} 分别为第 k 个暗条纹的起始位置和变化后的位置。

2）单缝衍射测量的分辨力、准确度和量程。

测量分辨力是指激光衍射测量能分辨的最小量值，即测量能达到的灵敏度。把衍射测量基本公式改写为 $x_k = \frac{kL\lambda}{b}$ 再进行微分，得到衍射测量的相对灵敏度为

$$t = \left|\frac{db}{dx_k}\right| = \frac{b^2}{kL\lambda} \tag{7-7}$$

式（7-7）表明，缝宽 b 越小、L 越大、激光波长 λ 越长、所选取的衍射级次 k 越高，则 t 越小，测量分辨力越高，测量就越灵敏。如果取 $L = 1000$mm，$b = 0.1$mm，$k = 4$，$\lambda = 0.63\mu$m，代入式（7-7）得到 $t = 1/250$。这就是说通过衍射，使 b 的变化量放大了 250 倍。如果 x_k 的测量分辨力是 0.1mm，则衍射测量能达到的分辨力为 0.4μm。

从式（7-5）可知，衍射测量的测量准确度取决于 λ、L 和 x_k 的测量准确度。对其进行微分，用仪器的随机误差理论进行处理，可得到的衍射测量误差

$$\delta b = \pm\sqrt{\left(\frac{kL}{x_k}\delta\lambda\right)^2 + \left(\frac{k\lambda}{x_k}\delta L\right)^2 + \left(\frac{kL\lambda}{x_k^2}\delta x_k\right)^2} \tag{7-8}$$

式中，$\delta\lambda$ 为激光器输出波长的变化量；δL 为观察屏的位置误差；δx_k 为衍射暗条纹位置的测

量误差。He-Ne 气体激光器波长稳定度一般优于 10^{-6}，$\delta\lambda$ 可不予考虑，衍射测量误差主要是 L 和 x_k 的测量误差。一般情况下，δL 和 δx_k 不超过 0.1%。如果取 $L=1000\text{mm}$，$\lambda=0.63\mu\text{m}$，$k=3$，$x_k=10\text{mm}$，从式（7-8）得到 $\delta b=\pm0.3\mu\text{m}$。此时的狭缝宽度 $b=0.19\text{mm}$，则 $\delta b/b=\pm1.6\times10^{-3}$。实际测量中还包括环境因素的影响，衍射测量可达到的准确度一般为 $\pm0.5\mu\text{m}$ 左右。

式（7-7）表示的衍射测量相对灵敏度是激光衍射放大倍数的倒数。它说明缝宽越小，衍射效应越显著，光学放大比越大；缝宽越大，条纹密集，测量灵敏度低。实际上当 $b \gg 0.5\text{mm}$ 时，放大倍数太小，衍射测量就失去意义。另一方面为了满足夫琅禾费衍射条件 $L \gg b^2/\lambda$，L 一定后，被测最大缝宽 b 已被限定，如果 $L=1000\text{mm}$，则 $b \ll 0.8\text{mm}$。说明增大 L 可以扩大量程，但 L 增大往往受仪器结构和体积的限制。所以衍射测量仪器的量程一般为 0.01~0.5mm。

当平面光波照射的开孔为圆形时，其远场的夫琅禾费衍射像是中心为一圆形亮斑，外面绕着明暗相间的环形条纹。

图 7-4 表示了圆孔的夫琅禾费衍射原理，接收屏上衍射条纹的光强分布为

$$I_P=I_0\left[\frac{2J_1(x)}{x}\right]^2 \tag{7-9}$$

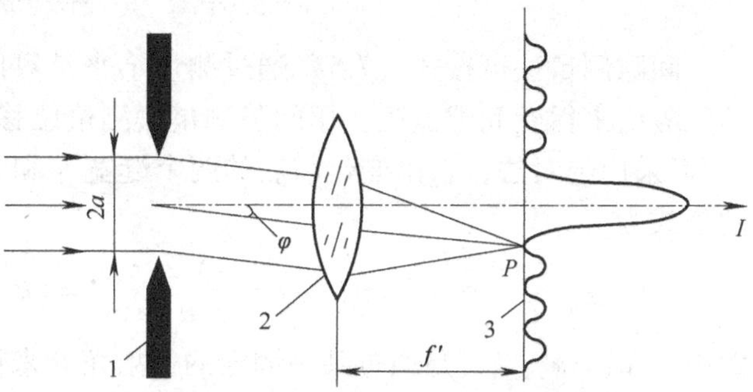

图 7-4　圆孔的夫琅禾费衍射原理
1—圆孔　2—会聚透镜　3—接收屏

式中，$J_1(x)$ 为一阶贝赛尔函数，$x=\dfrac{2a\pi\sin\varphi}{\lambda}$；$\lambda$ 为激光波长，a 为圆孔半径，φ 为衍射角。当 $J_1(x)=0$ 时可求得条纹极小值。衍射图中央是亮斑（爱里斑），它集中了 84% 左右的光能量。设中心亮斑（即第一暗环）的直径为 d，因 $\sin\varphi\approx\varphi=\dfrac{d}{2f'}=1.22\dfrac{\lambda}{2a}$，所以有

$$d=1.22\frac{\lambda f'}{a} \tag{7-10}$$

式中，f' 为会聚透镜的焦距。

当已知 f' 和 λ 时，测定 d 就可以由式（7-10）求出圆孔半径 a。因此，测定爱里斑的大小或其变化可以精密地测定或分析微小内孔的尺寸。

（2）激光衍射测量的方法

在实际应用中，基于单缝衍射的各种测量方法大都根据式（7-5）。而基于圆孔衍射的测量方法根据式（7-10），通过计算衍射暗条纹（暗环）间距来确定被测量。具体的测量方法有如下几种。

1）间隙测量法。间隙测量法基于单缝衍射的原理，是衍射测量的基本方法。可以用作尺寸的比较测量，如图 7-5a 所示，先用标准尺寸的工件相对参考边的间隙作为零位，然后放上工件，测定间隙的变化量而推算出工件尺寸。还可作工件形状的轮廓测量，如图 7-5b 所示，同时转动参考物和工件，由间隙变化得到工件轮廓相对于标准轮廓的偏差。也可以作为应变传感器使用，如图 7-5c 所示，当试件上加载力 F 时，引起单缝的尺寸变化，从而可

以用测量衍射条纹的变化得到应变量。

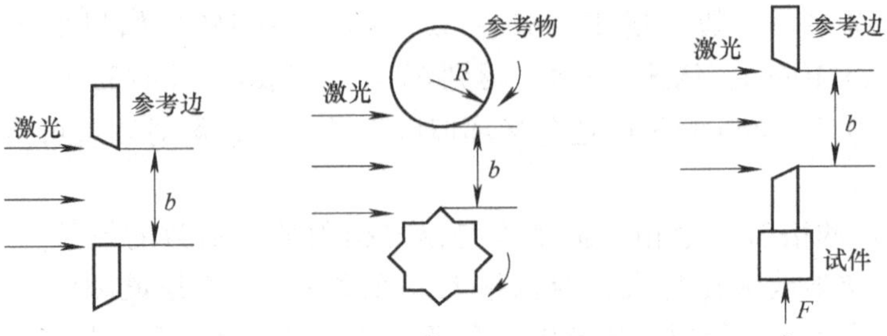

图 7-5 间隙测量法的应用

a）比较测量 b）测量轮廓 c）测量应变

间隙测量法可按式（7-5）通过测量 x_k 来计算间隙宽度，也可通过测定两个暗条纹之间的间隔值来得到间隙宽度。用间隙测量法测量位移时，即测量狭缝宽度 b 的改变量 $\delta = b' - b$，可采用绝对法，求出变化前后的两个缝宽 b 和 b'，然后相减。也可以用增量法。增量法的公式为

$$\delta = b' - b = \frac{k\lambda}{\sin\theta} - \frac{k'\lambda}{\sin\theta} = (k - k')\frac{\lambda}{\sin\theta} = \Delta N\frac{\lambda}{\sin\theta} \tag{7-11}$$

式中，$\Delta N = k' - k$，是通过某一固定的衍射角 θ 来记录条纹的变化数目。

因此只要测定 ΔN 就能求得位移值 δ。这种情况类似于干涉仪的条纹计数。间隙法作为灵敏的光传感器可用于测定各种物理量的变化，如应变、压力、温度、流量和加速度等。

2）反射衍射测量法。

反射衍射是利用被测物的边缘和反射镜构成的狭缝来进行衍射测量的，图 7-6 所示为反射衍射法原理图。在 P 点处出现第 k 级暗条纹的光程差应满足

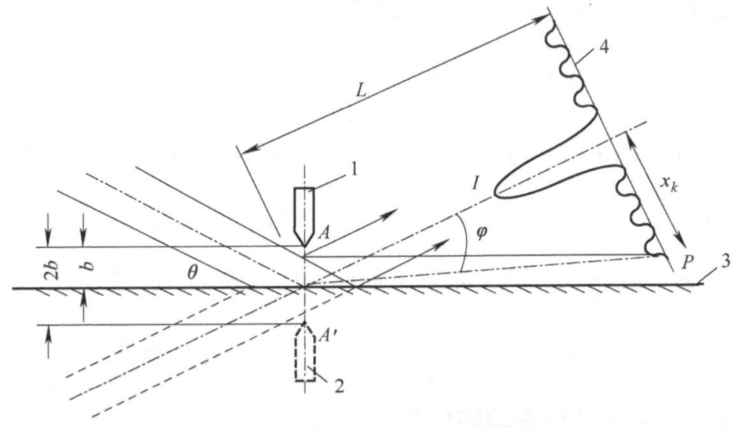

图 7-6 反射衍射法原理图

1—棱缘 2—镜像棱缘 3—反射表面 4—接收屏

$$2b\sin\theta - 2b\sin(\theta - \varphi) = k\lambda \tag{7-12}$$

式中，θ 为入射的平行激光束与反射镜之间的夹角；φ 为衍射角，即由狭缝与反射镜交点和 P 点连线与满足反射定律的反射光线之间夹角。

在图 7-6 的几何关系下缝宽可以表示为

$$b = kL\lambda \Big/ \left[2x_k\left(\cos\theta + \frac{x_k}{2L}\sin\theta\right)\right] \tag{7-13}$$

式（7-13）表明，由于反射的原因，测量灵敏度提高了一倍。反射衍射技术主要用于表面质量评定、直线性测定、间隙测定等方面。这种方法易于实现检测自动化，其检测灵敏度可达 2.5 ~ 0.025μm。

3）分离间隙法。

在实际测量中，常会遇到组成狭缝的两边不在同一平面内即存在一个间隔 z 的情况。此时衍射图出现不对称现象。利用参考物与被测物不在同一平面内情况下所形成的衍射条纹进行精密测量的方法称为分离间隙法。分离间隙法的测量原理如图7-7所示，测量出正负不同级次 k_1 和 k_2 上的暗条纹的位置 x_{k1} 和 x_{k2}，即可由式（7-14）计算出狭缝宽度 b 和间隔 z。

$$b=\frac{k_1L\lambda}{x_{k1}}-\frac{zx_{k1}}{2L}=\frac{k_2L\lambda}{x_{k2}}+\frac{zx_{k2}}{2L} \tag{7-14}$$

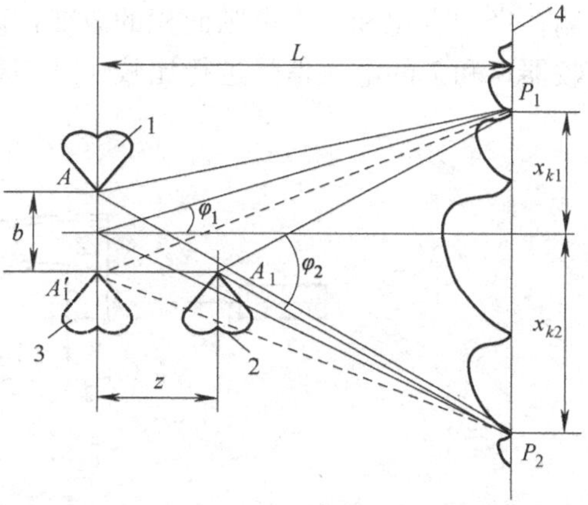

图7-7　分离间隙法的测量原理

4）互补测量法。

激光互补衍射测量法的原理是巴比涅定理。图7-8所示为巴比涅互补衍射屏。用平面光波照射这两个屏时，产生的衍射图形的形状和光强完全相同，仅相位相差π，这就是巴比涅互补定理。利用互补原理，可以对各种细金属丝（如漆包线、钟表游丝等）和薄带的尺寸进行高准确度的非接触测量，其结果与测量狭缝相同。互补测量法测量细丝直径的范围一般为0.01~0.1mm，测量准确度可达到0.05μm。

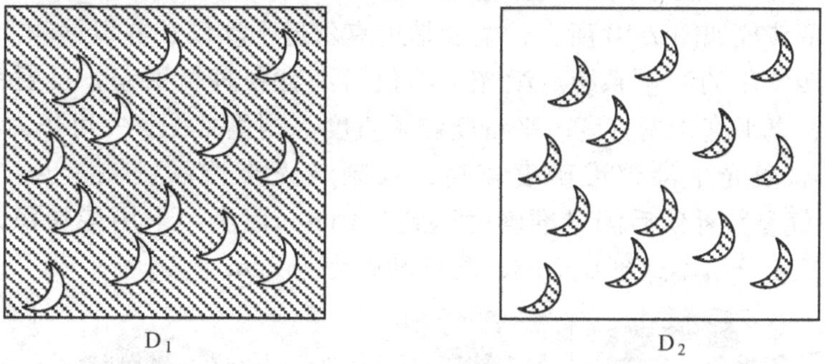

图7-8　巴比涅互补衍射屏

5）爱里斑测量法。

基于圆孔夫琅禾费衍射的测量方法称作爱里斑测量法。通常用爱里斑中归一化光强的大小的测量来确定被测孔的直径。图7-9所示为喷丝头孔径的爱里斑测量原理。是用爱里斑测量人造纤维或玻璃纤维加工中的喷丝头孔径。测量仪器和被测件做相对运动，以保证每个孔顺序通过激光束。通常不同的喷丝头，其孔的直径约在10~90μm范围之内。由激光器1发出的激光束，照射到被测孔2上，通过孔以后的衍射光束由分光镜3分成两部分，分别照射到光电接收器5和7上，两接收器分别将照射在其上的衍射图案4、6的光信号转换成电信号送到电压比较器8中。然后由显示器9进行输出显示。通过微孔衍射所得到的明暗条纹的总能量，可以认为不随孔的微小变化而变化。但是衍射图案的强度分布（分布面积）是随孔径的变化而急剧改变的。因而，在衍射图上任何给定半径内的发光强度，即所包含的能量，是随激光束通过孔的直径变化而显著变化的。因此，需使光电接收器5接收被分光镜反射的衍射图的全部能量，使它所产生的电压幅度可以作为不随孔径变化的参考量。光电接收器7只接收爱里斑圆中心的部分光能量，通常选取爱里斑圆面积的一半，其接收的光能随被测孔径的变化和爱里斑圆面积的改变而改变，从而输出电压幅值改变。电压比较器将光电接收器5 和7 的电压信号进行比较，从而得出被测孔径值。

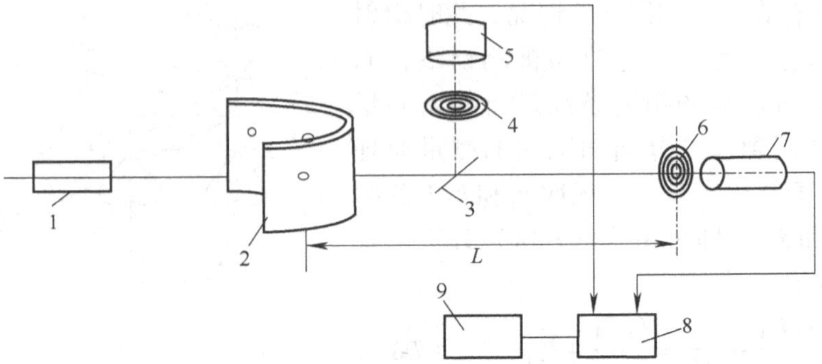

图 7-9　喷丝头孔径的爱里斑测量原理

1—激光器　2—被测孔　3—分光镜　4、6—衍射图案　5、7—光电接收器　8—电压比较器　9—显示器

7.1.2　高准确度测量仪器

1. 激光干涉仪

激光具有高强度、高度方向性、空间同调性、窄带宽和高度单色性等优点。目前常用来测量长度的激光干涉仪如图 7-10 所示，主要是迈克尔逊干涉仪，并以稳频氦氖激光为光源，构成一个具有干涉作用的测量系统。激光干涉仪可配合各种折射镜、反射镜等来做线性位置、速度、角度、真平度、真直度、平行度和垂直度等测量工作，并可作为精密机械或测量仪器的校正工作。激光干涉仪准确度较高，双频激光干涉系统测量长度时分辨率达到 0.01μm，采用空气参数补偿后测量准确度达到 0.01μm 以上。采用特殊稳频的高准确度激光测量系统，测长度分辨率达到 0.7nm，测量准确度为 2nm。

图 7-10　激光干涉仪

激光干涉仪的主要应用如下：

1）几何准确度检测。

可用于检测直线度、垂直度、俯仰与偏摆、平面度、平行度等。

2）位置准确度的检测及其自动补偿。

可检测数控机床定位准确度、重复定位准确度、微量位移准确度等。利用雷尼绍 ML10 激光干涉仪不仅能自动测量机器的误差，而且还能通过 RS232 接口自动对其线性误差进行补偿，比通常的补偿方法节省了大量时间，并且避免了手工计算和手动数控键入所引起的操作者误差，同时可最大限度地选用被测轴上的补偿点数，使机床达到最佳准确度，另外操作者无需具有机床参数及补偿方法的知识。

3）数控转台分度准确度的检测及其自动补偿。

利用ML10激光干涉仪加上RX10转台基准还能进行回转轴的自动测量。它可对任意角度位置，以任意角度间隔进行全自动测量。新的国际标准已推荐使用该项新技术。它比传统用自准直仪和多面体的方法不仅节约了大量的测量时间，而且还得到完整的回转轴准确度曲线，知晓其准确度的每一细节，并给出按相关标准处理的统计结果。

4）双轴定位准确度的检测及其自动补偿。

雷尼绍双频激光干涉仪系统可同步测量大型龙门移动式数控机床，由双伺服驱动某一轴向运动的定位准确度，而且还能通过RS232接口，自动对两轴线性误差分别进行补偿。

5）数控机床动态性能检测。

利用RENISHAW动态特性测量与评估软件，可用激光干涉仪进行机床振动测试与分析（FFT）、滚珠丝杠的动态特性分析、伺服驱动系统的响应特性分析、导轨的动态特性（低速爬行）分析等。

2. 影像测量仪

影像测量仪是一种由高解析度CCD彩色镜头、连续变倍物镜、彩色显示器、视频十字线显示器、精密光栅尺、多功能数据处理器、数据测量软件与高精密工作台结构组成的高准确度光学影像测量仪器，影像测量仪如图7-11所示。影像测量仪是一种新兴的精密几何量测量仪器，随着科学技术的发展，已经成为精密几何量测量最常用的测量仪器之一。

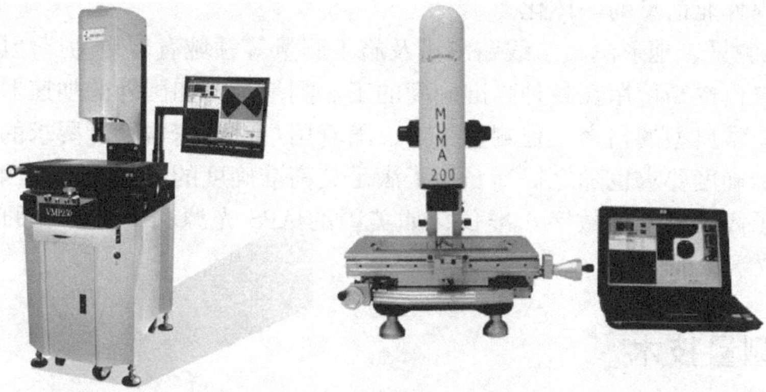

图7-11 影像测量仪

影像测量仪是利用影像镜头采集工件的影像，通过数字图像处理技术提取各种复杂形状工件表面的坐标点，再利用坐标变换和资料处理技术转换成座标测量空间中的各种几何要素，从而计算得到被测工件的实际尺寸、形状和相互位置关系。经过不断的发展，影像测量仪的应用范围不断扩大，可以对各种复杂的工件轮廓和表面形状进行精密测量。现在，影像测量仪的测量物件包括电子零配件、精密模具、冲压件、PCB、螺纹、齿轮、成形刀具等各类工件，逐渐进入到电子、机械、仪表、钟表、轻工、国防军工、航天航空等行业，成为高等院校、研究所、计量技术机构的实验室、计量室以及生产车间常用的精密测量仪器。

目前国内已经拥有机、光、电、算四大领域的尖端技术成果，融合多个领域、多个学科的技术创新，并在技术指标和产品品质上实现了替代进口，在影像测量仪器行业处于国际领先水准。通过高性能、高准确度的 VM 系列影像测量仪与功能强大的专用测量软体相结合解决精密模具的计量需求，能够为用户量身打造满足其特定需要的产品。

3. 水准仪

水准仪是建立水平视线测定地面两点间高差的仪器，主要部件有望远镜、管水准器（或补偿器）、垂直轴、基座和脚螺旋。按结构可分为微倾水准仪、自动安平水准仪、激光水准仪和数字水准仪（又称电子水准仪）；按准确度可分为精密水准仪和普通水准仪。其中，数字水准仪如图 7-12 所示，是一种集光、机、电于一体的高科技测量仪器，其准确度高、测量速度快，大大提高了作业效率，已经广泛应用于多个领域，是水准测量仪器发展的趋势。

图 7-12 数字水准仪

数字水准仪采用条码标尺取代等间隔刻线加数字的传统标尺，以线阵图像传感器取代测量员的肉眼，以相应的图像处理软件和硬件通过对标尺条码图像的识别，自动显示和记录标尺读数和视距，大大提高了工作效率和测量准确度。

这种设备的广阔应用前景主要体现在以下几方面。

1）快速的精密水准测量，用于建筑物的变形沉降观测和工业设备的精密安装测量。

2）数字水准仪与计算机相连接，可以实现实时、自动的连续高程测量，在应用软件的支持下可实现内外业信息的一体化。

3）在标准测量、地形测量、线路测量及施工测量等领域有着更为广泛的应用。

数字水准仪也逐渐使用在各种高准确度的工业测量中，如国外的加速器工程测量。加速器工程测量是非常典型的精密工程测量工作，随着用户对加速器性能要求的不断提高，加速器工程测量的准确度要求也随之提高。为了满足其高准确度的工程要求，国际上许多加速器的建造都采用了高准确度的数字水准仪，如美国的 APS 光源和中国台北的 SRRC 光源都使用了 NA3000 数字水准仪。

7.2 快速测量技术

传统检测方式已远远满足不了现代计量检测行业的发展，需要越来越多采用光、机、电、算和网络技术装备的检测仪器与设备，提高综合检测技术与手段。在装配、组装过程与装配线上采用光、机、电技术，实现现场快速自动化检测，是未来计量检测的发展方向，即追求快速、精准、有效的检测。

7.2.1 快速测量技术概述

随着制造厂商自动化程度的提高，制造业生产线开始趋向个性化。单一检测数据的仪器，检测环节需要投入大量的人力物力，不适应快速检测。应用了先进的激光技术、虚拟仪器技术、机器视觉技术、电子软件技术等快速测量技术仪器，科技含量非常高，它的出现使得原本一件非常繁琐、复杂的工作，变得可靠和高效。目前，这一技术已经开始在国防和军工企业、汽车制造业、光伏产业、高铁等领域广泛使用，市场前景非常广阔。

7.2.2　快速测量方法

机器视觉测量方法的原理如下。

机器视觉是为机器安装“眼睛”与“大脑”，使机器能够获得所摄物体形状、颜色、尺寸与状态等信息，并完成各种智能操作的技术。就是用机器代替人眼来做测量和判断，可提高生产的产品质量和生产线自动化程度。尤其是在一些不适合于人工作业的危险工作环境或人眼难以满足要求的场合，需采用机器视觉来替代人工视觉；同时在大批量工业生产过程中，用人工视觉检查产品质量效率低且准确度不高，用机器视觉检测方法可以大大提高生产效率和生产的自动化程度。

图 7-13 所示为一个典型的工业机器视觉应用系统。

机器视觉是一项综合技术，其中包括数字图像处理技术、机械工程技术、控制技术、光源照明技术、光学成像技术、传感器技术、模拟与数字视频技术、计算机软硬件技术和人机接口技术等。

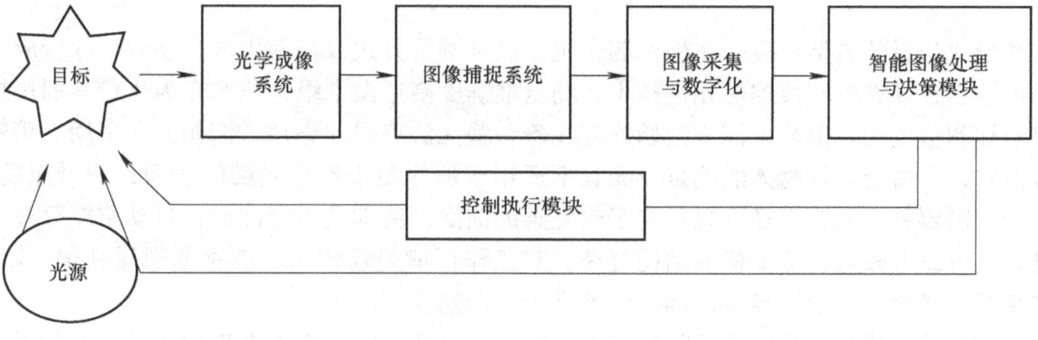

图 7-13　典型的工业机器视觉应用系统

一种异色羽绒自动分选系统的原理图如图 7-14 所示。该系统是机器视觉在纺织行业中的应用实例。在纺织行业中，视觉检测是质量控制的主要组成部分。传统的检测是通过人工来完成的，因此，效率和质量都不高。用机器视觉代替人的视觉可以克服人工检测所造成的各种误差，因而可大大提高检测效率和准确度。

该系统利用工业 CCD 相机逐帧摄取随传送带运动而进入检测视场的原料羽绒的图像。对采集到的图像进行处理识别，产生位控信号，经适当延时后作用于相应的电磁阀。若发现异色绒，则使对应的电磁阀打开，压缩空气射入沿传

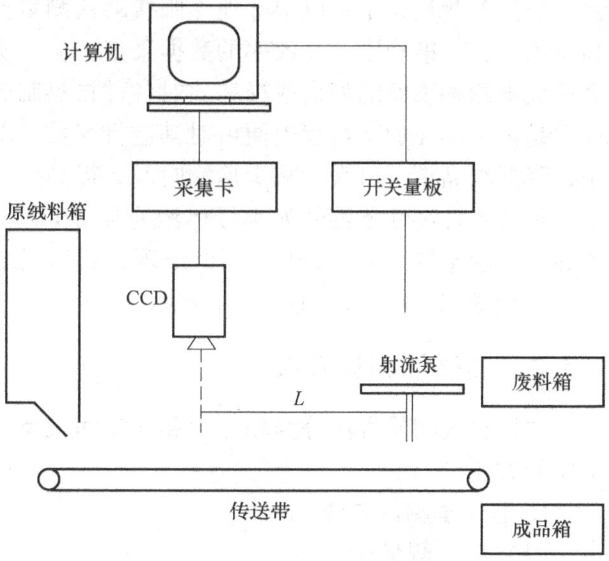

图 7-14　异色羽绒自动分选系统的原理图

送带横向等距分布的射流泵，其吸嘴产生的真空将对应坐标点的异色羽绒吸出并吹入废料箱。

7.3 非接触测量技术

随着现代技术的发展，工业的生产效率也越来越高。测量技术也要求高效、准确和无损伤。传统的游标卡尺、千分尺等接触式量具效率低下、稳定性不高，而且由于量具直接接触工件表面，不可避免会对工件或者量具造成损伤。非接触测量技术应运而生。经过长时间的发展，非接触测量技术的种类越来越多，主要以光电、电磁、超声波技术为基础，出现了核磁共振法、结构光法、激光三角法、激光测距法、干涉测量法、超声波测距法和图像分析法等各种各样的光学法及非光学法的非接触测量技术。

7.3.1 非接触测量技术概述

物体的测量主要包括接触式和非接触式两大类。测量机理包括有光、机、电、磁、声等。

接触式测量的典型代表是三坐标测量机，这种测量方式以精密机械为基础，综合应用光学、电子学、计算机和数控等先进技术，测量准确度高达微米级，是迄今为止最具通用性的传统坐标测量方法。但是，该方法始终存在着一些无法克服的弊端，例如：它采用点接触的测量方式，不适合柔软物体的测量，尤其不适用于那些测头不宜接触的表面；测量速度慢，效率低，需要补充测头直径信息；对于较复杂的曲面，特别是组合曲面，自动跟踪存在一定困难，且可靠性较低；测量机的结构复杂，对工作环境要求较高，应用范围受到很大限制。总体来看，接触式测量已经难以满足快速准确的测量需求。

非接触式测量技术是随着近年来光学和电子元件的广泛应用而发展起来的，其测量基于光学原理，具有高效率、无破坏性、工作距离大等特点，可以对物体进行静态或动态的测量。非接触测量技术可以很好地克服接触式测量技术的不足，对于各种测量目标都可以提供高灵敏度、高准确度、高效率的数据采集，从而实现对被测物各种参数的非接触测量。它不会造成被测物表面的划伤或损坏，对各种材料制成的工件均可实现测量。非接触测量的最大优点是被测物在加工过程中便可对其进行测量，即在线实时测量，从而实现对加工过程的控制，降低废品率，可大大减少检测时间，提高生产效率，这是接触式测量所无法比拟的。

随着各种高性能器件如半导体激光器（LD）、电荷耦合器件（CCD）、CMOS 图像传感器和位置敏感传感器（PSD）等的出现，新型三维传感器不断出现，其性能也大幅度提高，光学非接触测量技术得到迅猛的发展。

7.3.2 非接触测量方法

非接触式测量方法分为非光学和光学两大类，光学非接触式测量是非接触式测量中主要采用的方法。

1. 非光学测量方法

（1）声学测量法

声学测量法主要用于测距，其中超声波测距技术应用比较广泛。超声波是指频率高于

20Hz的机械波。为了以超声波为检测手段，必须产生超声波和接收超声波。要求使用高频声学换能器，来进行超声波的发射和接收。超声波的指向性很强，在固体介质中传播时能量损失小，传播距离远，因此常用于测量距离。超声波测距的原理是在已知超声波在某介质中的传播速度的情况下，当超声波脉冲通过介质到达被测面时，会反射回波，通过测量仪器测量发射超声波与接收到回波之间的时间间隔，即可计算出仪器到被测面的距离。利用超声波检测速度快，灵敏度高，仪器体积小，准确度也能达到大部分工业应用的要求。超声波测距仪和超声波测厚仪是超声波测距技术应用的两个典型例子。超声波测距技术受环境的温度、湿度、传播介质的影响较大，测量准确度往往不高，还有待发展高准确度、高适应性的超声波测距技术。

（2）磁学测量法

磁学测量法是通过测试物体所在特定空间内的磁场分布情况，来完成对物体外部或者内部参数的测量。核磁共振成像技术是磁学测量法的代表技术，其原理是：利用核磁共振原理，在主磁场附加梯度磁场，用特定的电磁波照射放入磁场的被测物体，使物体内特定的原子核发生核磁共振现象从而释放出射频信号，将这些信号经过计算机处理后，就能得知组成该物体的原子核的种类和在物体内的位置，从而构建出该物体的内部立体图像。核磁共振成像在20世纪70年代后期迅速兴起，已成为研究高分子链结构的最主要手段，相比其他传统检测方法，核磁共振法能够保持样品的完整性。目前在医学领域被广泛采用，用于提取人体内部器官的三维轮廓，为医生制订医疗方案提供有力证据。不过，核磁共振技术准确度依然不及高准确度的机械测量技术，而且测量速度较慢，对被测物体也有材质、体积方面的要求。

2. 光学测量方法

光学三维测量是指用光学原理来采集物体表面三维空间信息的方法和技术，与传统的接触式测量相比，它是非接触式的。近三十年来，随着光学技术、数字摄像技术及计算机技术的迅速发展，光学测量技术也获得了极大的发展，新的理论与方法不断被发现和开发，逐步解决了许多过去阻碍实际应用的问题。在1994年的国际光学学会的信息光学的年会上，首次将光学三维测量列为信息光学前沿七个主要领域和发展方向之一。

（1）结构光法

结构光法作为一种主动式、非接触的三维视觉测量新技术，在逆向工程、质量检测、数字化建模等领域具有无可比拟的优势。投影结构光法是结构光测量技术的典型应用，投影结构光法三维测量系统原理图如图7-15所示。其原理是：用投射仪将光栅投影于被测物体表面，光栅条纹经过物体表面形状调制后会发生变形，其变形程度取决于物体表面高度及投射器与相机的相对位置，再由接收相机拍摄其变形后的图像并交予计算机依据系统的结构参数做进一步处理，从而获得被测物体的三维图像。

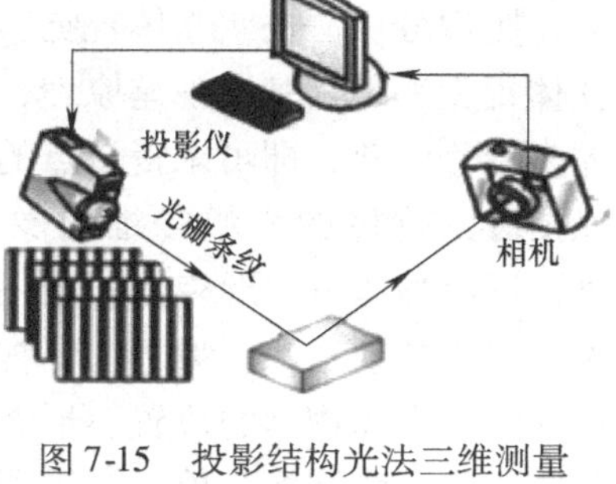

图7-15 投影结构光法三维测量系统原理图

结构光视觉检测具有大量程、非接触、速度快、系统柔性好和准确度适中等优点。但是由于其原理的制约，不利于测量表面结构复杂的物体。

（2）激光三角法

激光三角法是非接触光学测量的重要形式，应用广泛，技术也比较成熟。其原理是：由光源发出的一束激光照射在待测物体平面上，通过反射最后在检测器上成像。当物体表面的位置发生改变时，其所成的像在检测器上也发生相应的位移。通过像移和实际位移之间的关系式，真实的物体位移可以由对像移的检测和计算得到。该方法结构简单，测量速度快，准确度高，使用灵活，适合测量大尺寸和外形复杂的物体。但是，对于激光不能照射到的物体表面无法测量，同时激光三角法的测量准确度受环境和被测物体表面特性的影响比较大，还需要大力研究高准确度的三角法测量产品。

（3）激光测距法

激光具有良好的准直性及非常小的发散角，使仪器可以进行点对点的测量，适应非常狭小和复杂的测量环境。激光测距法利用激光的这些特点，将激光信号从发射器发出，照射到物体表面后发生反射，反射后的激光沿基本相同的路径传回给接收装置，检测激光信号从发出到接收所经过的时间或相位的变化，就可以计算出激光测距仪到被测物体间的距离。激光测距主要分为脉冲测距和相位测距两大类。对于脉冲测距法来说，其系统结构简单，探测距离远，但是传统的测距系统采用直接计数来测量光脉冲往返时间，准确度低。相位测距系统结构相对复杂，但是其准确度较高，随着光电技术的快速发展，相位激光测距技术得到不断优化和提升，已能满足超短距离和超高准确度的测量需求。随着激光测距仪朝着小型化、智能化的方向发展，由于激光测距技术特有的优点，将在各类距离测量领域有越来越广阔的应用前景。

（4）干涉测量法

常用的激光干涉仪是以激光为光源的迈克尔逊干涉仪，即由光源射出的一束光由分光镜分为测量光和参考光，分别射向参考平面和目标平面，反射后的两束光在分光镜处重叠并相互干涉。当目标平面移动时，干涉图样的明暗条纹会变化相应的次数，并由光电计数器记下其变化次数，由此可以计算出目标平面移动的距离。按照光路不同，有分光路和共光路两种类型。激光干涉测量法的特点是测量准确度非常高，测量速度快，但测量范围受到光波波长的限制，不适于大尺度物体的检测，也不适合测量凹凸变化大的复杂曲面，只能测量微小位移变化。

（5）图像分析法

图像分析法也叫立体视觉，其研究重点是物体的几何尺寸及物体在空间的位置、姿态。立体视觉测量是基于视差原理，视差即某一点在两副图像中相应点的位置差。通过该点的视差来计算距离，即可求得该点的空间三维坐标。一般从一个或多个摄像系统从不同方位和角度拍摄的物体的多幅二维图像中确定距离信息，形成物体表面形貌的三维图像。立体视觉测量属于被动三维测量方法，常常用于对三维目标的识别和物体的位置、形态分析，采用这种方法的系统结构简单，在机器视觉领域应用较广。立体视觉的基本几何模型图如图 7-16 所示。

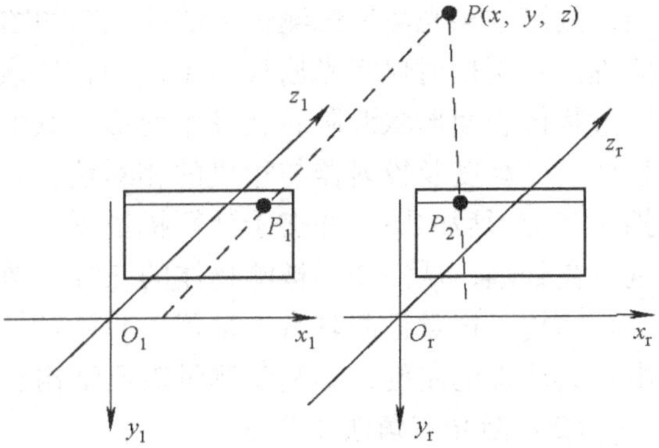

图 7-16 立体视觉的基本几何模型图

图像测量技术作为一种新兴的非接触测量方法有着独特的优越性，它通过把被测对象的图像作为检测和传递信息的手段，从图像中提取有用信息进而获得待测参数。光电摄像器件的产生和普及使图像测量技术成为可能，特别是电荷耦合器件（CCD）技术的发展，进一步促进了图像测量技术的形成和发展。CCD是20世纪70年代初发展起来的一种新型半导体器件，由于它具有自扫描、高分辨、高灵敏度、重量轻、体积小、像素位置准确、耗电少、寿命长、可靠性好、信号处理方便、便于与计算机连接等优点，40多年来发展迅速，成为近代光电成像领域中非常重要的获取图像的技术手段。基于CCD器件图像测量技术的使用范围和测试准确度均比现有的机械式、光学式或电磁式的测量技术优越得多，可以满足测量速度快，准确度高，非接触式及动态的自动测量的要求。

现代的工业生产要求如下：①准确度要高，有些零件需要纳米级的准确度，用肉眼已经难以判断，必须借助工具，但是有些零件由于形状复杂，普通工具难以嵌入测量；②准确度高，由于现代的零件都是大批量的生产，如果只是由人判断质量，时间一长，大脑容易疲劳，出错率大大增加，准确度大大降低；③速度快，人要通过肉眼观察，用测量仪器测量才能判断出零件的好坏，这样费时很久，达不到速度快的要求；④安全性高，有些零件的好坏需要在一些危险的环境下判断，而人不能参与这项工作。因此传统的人手测量，肉眼判断，大脑分析已经远远达不到这些要求。由于现代计算机图像处理技术的大大发展，使准确度高、准确度高、速度快、安全性高成为可能。只要外部条件稳定，计算机通过摄像头采样得到的图片，用固化的程序处理图片并计算出尺寸，达到非接触式测量的目的，使普通工具难以测量的零件被测量出来，而且准确度高、速度快。在一些恶劣环境下，非接触测量大大地提高了安全性，测量人员可以坐在安全的地方，看计算机显示屏得到零件的数据。

7.4　遥感遥测技术概述

7.4.1　遥感技术概论

遥感技术是20世纪60年代兴起并迅速发展起来的一门综合性探测技术。它是在航空摄影测量的基础上，随着空间技术、电子计算机技术等当代科技的迅速发展，以及地学、生物学等学科发展的需要，发展形成的一门新兴技术学科。从以飞机为主要运载工具的航空遥感，发展到以人造地球卫星、宇宙飞船和航天飞机为运载工具的航天遥感，大大地扩展了人们的观察视野及观测领域，形成了对地球资源和环境进行探测和监测的立体观测体系，使地理学的研究和应用进入到一个新阶段。

1. 遥感技术概述

遥感技术，从广义上说是泛指从远处探测、感知物体或事物的技术。即不直接接触物体本身，从远处通过仪器（传感器）探测和接收来自目标物体的信息（如电场、磁场、电磁波、地震波等信息），经过信息的传输及其处理分析，识别物体的属性及其分布等特征的技术。

通常遥感技术是指空对地的遥感，即从远离地面的不同工作平台上（如高塔、气球、飞机、火箭、人造地球卫星、宇宙飞船和航天飞机等）通过传感器，对地球表面的电磁波（辐射）信息进行探测，并经信息的传输、处理和判读分析，对地球的资源与环境进行探测和监测的综合性技术。

当前遥感技术形成了一个从地面到空中乃至空间，从信息数据收集、处理到判读分析和应用，对全球进行探测和监测的多层次、多视角、多领域的观测体系，成为获取地球资源与环境信息的重要手段，主要有如下特点：

1）感测范围大，具有综合、宏观的特点。

遥感从飞机上或人造地球卫星上，居高临下获取的航空像片或卫星图像，比在地面上观察视域范围大得多。又不受地形地物阻隔的影响，景观一览无余，为人们研究地面各种自然、社会现象及其分布规律提供了便利的条件。

2）信息量大，具有手段多，技术先进的特点。

遥感是现代科技的产物，它不仅能获得地物可见光波段的信息，而且可以获得紫外、红外、微波等波段的信息，不但能用摄影方式获得信息，而且还可以用扫描方式获得信息。遥感所获得的信息量远远超过了用常规传统方法所获得的信息量。这无疑扩大了人们的观测范围和感知领域，加深了对事物和现象的认识。

例如，微波具有穿透云层、冰层和植被的能力，红外线则能探测地表温度的变化等。因而遥感使人们对地球的监测和对地物的观测达到多方位和全天候。

3）获取信息快、更新周期短，具有动态监测的特点。

遥感通常为瞬时成像，可获得同一瞬间大面积区域的景观实况，现实性好；而且可通过不同时相取得的资料及像片进行对比、分析和研究地物动态变化的情况，为环境监测以及研究分析地物发展演化规律提供了基础。

例如，陆地卫星每16天即可对全球陆地表面成像一遍，气象卫星甚至可每天覆盖地球一遍。因此，可及时地发现病虫害、洪水、污染、火山和地震等自然灾害发生的前兆，为灾情的预报和抗灾救灾工作提供可靠的科学依据和资料。

此外，遥感还具有用途广、效益高的特点。遥感已广泛应用于农业、林业、地质矿产、水文、气象、地理、测绘、海洋研究、军事侦察及环境监测等领域，深入到很多学科中，应用领域在不断扩展。而遥感成果获取的快捷以及所显示出的效益，则是传统方法不可比拟的。遥感正以其强大的生命力展现出广阔的发展前景。

2. 遥感的分类

由于分类标志的不同，遥感的分类有多种。如按遥感工作平台（即运载工具）的不同，可分为地面遥感（或近地遥感）、航空遥感、航天遥感等；按探测电磁波的工作波段分类，可分为可见光遥感、红外遥感、微波遥感等；按遥感应用目的不同，又可分为环境遥感、农业遥感、林业遥感、地质遥感、海洋遥感等。

成像方式（或称图像方式）就是将所探测到的强弱不同的地物电磁波辐射（反射或发射），转换成深浅不同的（黑白）色调构成直观图像的遥感资料形式，如航空像片、卫星图像等。非成像方式（或非图像方式）则是将探测到的电磁辐射（反射或发射），转换成相应的模拟信号（如电压或电流信号）或数字化输出，或记录在磁带上而构成非成像方式的遥感资料，如陆地卫星CCT数字磁带等。

主动式遥感或被动式遥感则是按传感器工作方式的不同所做的分类。所谓主动式是指传感器带有能发射信号（电磁波）的辐射源，工作时向目标物发射，同时接收目标物反射或散射回来的电磁波，以此所进行的探测。被动式遥感则是利用传感器直接接收来自地物反射自然辐射源（如太阳）的电磁辐射或自身发出的电磁辐射，而进行的探测。

光学摄影亦指通常的摄影，即将探测接收到的地物电磁波依据深浅不同的色调直接记录在感光材料上。扫描方式是将所探测的视场（或地物）划分为面积相等顺序排列的像元，传感器则按顺序以每个像元为探测单元记录其电磁辐射强度，并将其转换为电量进行存储、传输、处理，或转换成图像显示在屏幕或胶片上，或制成扫描数字传回地面。

遥感的分类很多，但依照其分类标志，即可了解不同的遥感分类系统。

3. 遥感过程及其技术系统

遥感过程是指遥感信息的获取、传输、处理，以及分析判读和应用的全过程。它包括遥感信息源（或地物）的物理性质、分布及其运动状态；环境背景以及电磁波光谱特性；大气的干扰和大气窗口；传感器的分辨能力、性能和信噪比；图像处理及识别；以及人们的视觉生理和心理及其专业素质等。因此，遥感过程不但涉及遥感本身的技术过程，以及地物景观和现象的自然发展演变过程，还涉及人们的认识过程。这一复杂过程当前主要是通过地物波谱测试与研究、数理统计分析、模式识别、模拟试验方法，以及地学分析等方法来完成。遥感过程实施的技术保证则依赖于遥感技术系统。

遥感技术系统是一个从地面到空中直至空间：从信息收集、存储、传输处理到分析判读、应用的完整技术体系。它主要包括以下四部分。

（1）遥感试验

遥感试验的主要工作是对地物电磁辐射特性以及信息的获取、传输及处理分析等技术手段的试验研究。

遥感试验是整个遥感技术系统的基础，遥感探测前，需要遥感试验提供地物的光谱特性，以便选择传感器的类型和工作波段；遥感探测中以及处理时，又需要遥感试验提供各种校正所需的有关信息和数据。遥感试验也可为判读应用提供基础。遥感试验在整个遥感过程中起着承上启下的重要作用。

（2）遥感信息获取

遥感信息获取是遥感技术系统的中心工作。遥感工作平台以及传感器是确保遥感信息获取的物质保证。

遥感（工作）平台是指装载传感器进行遥感探测的运载工具，如飞机、人造地球卫星、宇宙飞船等。按其飞行高度的不同可分为近地（面）工作平台、航空平台和航天平台。这三种平台各有不同的特点和用途，根据需要可单独使用，也可配合启用，组成多层次立体观测系统。

传感器是指收集和记录地物电磁辐射（反射或发射）能量信息的装置，如航空摄影机、多光谱扫描仪等。它是信息获取的核心部件，在遥感平台上装载上传感器，按照确定的路线飞行或运转进行探测，即可获得所需的遥感信息。

（3）遥感信息处理

遥感信息处理是指通过各种技术手段对遥感探测所获得的信息进行的各种处理。例如，为了消除探测中各种干扰的影响，使其信息更准确、可靠，需要进行的多种校正（辐射校正、几何校正等），使所获遥感图像更清晰，以便于识别和判读，提取信息而进行的各种增强处理等。为了确保遥感信息应用时的质量和准确度，充分发挥遥感信息的应用潜力，遥感信息处理是必不可少的。

（4）遥感信息应用

遥感信息应用是遥感的最终目的。遥感应用则应根据专业目标的需要，选择适宜的遥感信息及其工作方法进行，以取得较好的社会效益和经济效益。

遥感技术系统是个完整的统一体。它是建筑在空间技术、电子技术、计算机技术以及生物学、地学等现代科学技术的基础上的，是完成遥感过程的有力技术保证。

4. 当前遥感发展的主要特点与展望

随着遥感技术的发展，获取地球环境信息的手段越来越多，信息越来越丰富。因此，为了充分利用这些信息，建立全面收集、整理、检索以及科学管理这些信息的空间数据库和管理系统。加快进行遥感信息机理研究，研制定量分析模型及实用的地学模型，进行多种信息源的信息复合及环境信息的综合分析等，构成了当前遥感发展的前沿研究课题。这些问题解决和研究进展的程度，将关系到遥感技术与应用从实验阶段向生产商品化阶段转化的进程，构成了今后遥感发展的主要趋向。当前遥感发展的特点主要表现以下几个方面：

（1）新一代传感器的研制

为获得更高的分辨率，更好质量的遥感图像和数据，随着遥感应用的广泛和深入，对遥感图像和数据的质量提出了更高的要求，即要求空间分辨率、光谱分辨率的同时还要求时相分辨率等技术指标。目前，多波段扫描仪已从机械扫描方式发展到利用电荷耦合器件（CCD）的扫描方式，还有的能获取三维空间数据的方式。另外，成像光谱仪的问世及应用，不但提高了光谱分辨率（波段增多、频谱变窄），而且为研究信息形成机制和定量分析提供了基础。

当前，星载主动式（微波）遥感的发展，引起了人们的注意，如成像雷达、激光雷达等的发展，使探测手段更趋多样化。获取多种信息，适应遥感不同应用需要，是传感器研制方面的又一动向和进展。

总之，不断提高传感器的功能和性能指标，开拓新的工作波段，研制新型传感器，提高获取信息的准确度和质量，将是今后遥感发展的一个长期任务和发展方向。

（2）遥感应用不断深化

在遥感应用的深度和广度不断扩展的情况下，微波遥感应用领域的开拓，遥感应用成套技术的发展，以及地球系统的全球综合研究等成为当前遥感发展的又一动向。具体表现为：从单一信息源（或单一传感器）的信息（或数据）分析向多种信息源的信息（包括非遥感信息）复合及综合分析应用发展；从静态分析研究向多时相的动态研究，以及预测预报方向发展；从定性判读、制图向定量分析发展；从对地球局部地区及其各组成部分的专题研究向地球系统的全球综合研究方向发展。

因此，在社会日益对遥感应用提出更高要求的现实情况下，为了充分利用遥感及非遥感手段获得的丰富地理信息，从而促成和推动了地理信息系统的发展以及推动了遥感与地理信息系统的结合。

5. 遥感的应用

遥感技术自20世纪60年代初兴起并迅速得到发展以来，遥感应用的领域在不断地扩展。遥感应用可概括为资源调查与应用、环境监测评价、军事研究等领域。

（1）遥感在资源调查方面的应用

遥感在资源调查中可发挥很大的作用，特别在自然资源调查中，近年来做了很多工作，取得了丰硕的成果和可观的效益，主要表现在国民经济建设中的农业、林业、地质矿产及水利建设等部门中。

1）在农业、林业方面的应用。

遥感在农、林方面的应用主要是在农、林土地资源调查、土地利用现状调查、农林病虫害、土壤干旱、盐化、沙化的调查及监测，以及农作物长势的监测与估产、森林资源的清查等方面。近年来，在牧场、草场资源调查、短中期农林灾害、农用水资源，以及野生动物生态环境调查等方面也相继开展工作，取得了成果。

遥感在土地资源与土壤调查中，得到了广泛应用。遥感加快了调查工作的进度，工作准确度、质量也有很大提高。例如，我国利用 560 幅陆地卫星图像，仅用两年时间完成了全国 15 种土地利用类型的分析和量算统计工作，提供了全国和分省的土地利用基本数据和有关图像。

遥感在林业上的应用也很广泛。例如，我国近年完成的“三北”防护林遥感综合调查。在包括西北大部、华北北部和东北西北部总面积为 128 万 km^2 的“三北”造林一期工程的调查中，完成了对现有防护林类型、分布、面积和保存率，草地数量、质量和分布，土地资源类型、分布、数量及利用现状的调查；提供了 200 余幅各类遥感专题系列图，并建成了全区资源与环境信息系统，为掌握防护林区现状、林区的进一步发展和规划奠定了基础。

2）在地质矿产方面的应用。

遥感在地质及其矿产资源方面的应用主要表现在基础地质工作、矿产地质工作，以及工程地质、地震地质、灾害地质的地质综合调查等方面的应用。遥感已成为地质矿产调查研究中的一种先进工作手段和重要方法。

遥感图像视域宽阔，客观真实地反映出各种地质现象及其相互间的关系，形象地反映出区域地质构造，以及区域构造间的空间关系，为跨区域甚至全球的区域地质研究提供了极有利的条件和基础。遥感为持不同学术观点的地质学者提供了一个可共同参照的基础，推动和促进了地质学的发展。

遥感在矿产地质工作中的应用已取得许多成果，获得了一致的好评。基于遥感在地质矿产调查中广泛的应用以及取得的显著效益，我国地勘部门相继成立了专业的遥感应用和科研机构，遥感地质队伍也不断扩大，成果累累，展现出遥感在地质矿产资源方面美好的发展前景。

3）在水文、水资源方面的应用。

遥感在水文、水资源方面的应用，如水资源的调查、流域规划、水土流失调查、冰雪监测、海口海岸带及浅海地形调查、海洋调查研究等方面都能发挥重要作用。特别是在人类足迹难以到达的荒凉地区，遥感技术可成为水文、水资源调查的有效手段。例如，我国青藏高原在以往 300 年来，先后经历了 150 多次探险考察，曾查出 500 多个湖泊，而近年来采用航空像片、卫星图像判读，不仅对这些湖泊的面积、形状进行了修正定位，而且还补充了地面考察或地图上未标明的 300 多个湖泊。

遥感图像中特别是红外遥感图像在识别含水层、判断充水断层、查明富水地段位置方面是很有利的。例如，美国在夏威夷群岛，利用红外遥感发现了 200 多处地下淡水出露点，从而解决了该岛对淡水的需求。我国在大连地区开展航空热红外遥感试验，在该地区沿海共发现 22 处从未有历史记录的淡水泉点，通过对这些泉点的分析，确定了地下淡水排泄地段，为解决沿海地区人畜饮水水源提供了一个重要途径。

（2）遥感在环境监测评价及对抗自然灾害方面的应用

1）在环境监测方面的应用。

遥感在环境监测中主要是利用遥感提供的瞬间成像的大范围图像，对大气污染、水体污染、土地污染以及海洋污染等进行监测。由于遥感所提供的信息快速及时，现实性好，以及真实客观、形象的特点，可实时地了解和掌握污染源的位置、污染物的性质、污染物的动态变化，以及污染对环境的影响，为及时采取防护或疏导措施，以及环境评价提供了基础。

2）在对抗自然灾害中的应用。

自然灾害是指环境异常或环境的突发性变化，给人类生活和生存带来的灾难。近年来遥感技术在预报灾害方面取得很多重要成就，成为预报自然灾害的有力工具和手段。

近年来，在利用多时相遥感资料和地理信息系统技术对黄土高原水土流失进行综合调查和研究；利用全球定位系统技术，监测地壳及其板块的运动，进行大区域的地球动力学研究，探索地震的发生机理，进行地震的中长期预报；利用多时相大比例尺航空遥感图像结合气象预报资料和地面勘查进行滑坡、泥石流的调查与监测，保障重点工程及铁路沿线的安全；以及利用远距离卫星通信技术，提高灾害预报的及时性和准确性，为救灾和决策提供依据等方面，都取得很大成效和重大的进展。

（3）军事上的应用

遥感在军事上的应用是不言而喻的。事实上，军事应用是遥感最早最成功的应用，今天遥感的发展是得益于遥感在军事上成功的应用而迅速发展起来的。目前，发射的绕地球运行卫星，绝大部分是与军事有关的。当今战争的胜负，不仅取决于军事实力（人力、武器）的对比，准确可靠的信息获取、传输和决策对战争的胜负起着关键性的作用。

7.4.2 遥测技术概论

遥测技术起源于19世纪初叶，航空、航天遥测技术则分别开始于20世纪30年代和40年代。此后，遥测广泛用于飞机、火箭、导弹和航天器的试验，也极大地促进了遥测技术的发展。20世纪五六十年代，随着通信理论、通信技术和半导体技术的发展，遥测技术在调制体制、传输距离、数据容量、测量准确度以及设备小型化等方面都取得了很大的进展。20世纪60年代以来，遥测技术发展的显著特点是：遥测设备的集成化、固态化、模块化和计算机化，出现了可编程序遥测和自适应遥测。

1. 遥测技术

遥测技术是将对象参量的近距离测量值传输至远距离的测量站来实现远距离测量的技术，是利用传感技术、通信技术和数据处理技术的一门综合性技术。最初主要是通过导弹、卫星等飞行体中的传感器将载荷上的各种物理数据采集后通过无线信道传输到地面进行分析（内测）和直接用被测目标的反射波所提供的数据进行分析（外测）。这里涉及传感器的开发，如温度、压力、离子等各种传感器以及利用无线电波碰到目标产生的回波进行定位（雷达）技术。

2. 遥测系统的工作原理

遥测是通过遥测系统进行的。遥测系统由三部分组成（见图7-17）：①输入设备，包括传感器和变换器，传感器把被测参数变成电信号，变换器把电信号变换成适合于多路传输设备输入端要求的信号；②传输设备，是一种多路通信设备，它可以是有线通信或无线电通信，既可传输模拟信号也可传输数字信号，目的是把输入设备输入的信号不失真地传到终端；③终端设备，它的功能是接收信号，对信号进行记录、显示和处理，以获得测量结果。

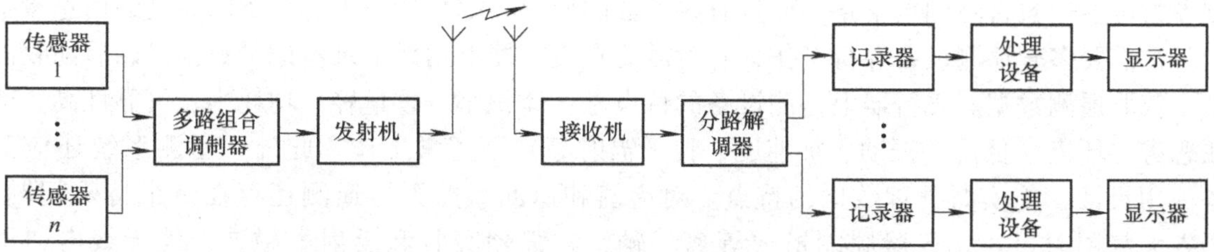

图 7-17　遥测系统框图

遥测系统的主要技术参数有准确度、容量和可靠性。准确度反映遥测终端输出数据与原始数据的符合程度，遥测系统的准确度用相对误差（测量参量的绝对误差值与参量最大值之比）来表示。一般情况下，传输对系统准确度的影响较小，准确度主要取决于传感器。容量是衡量遥测系统传送遥测信息能力大小的指标，它在很大程度上决定了遥测系统所能完成功能的多少和完成质量的优劣。在数值上，它等于遥测系统各路所能传递的信号频带之和。遥测系统的可靠性与遥测数据获取、传输和处理等环节的软、硬件可靠性密切相关，可通过加强系统方案论证、分系统设计、生产加工、设备鉴定、使用维护以及从设备研制到使用的管理等环节来提高。

在应用中，遥控系统和遥测系统除分别用于对各种运动、固定的物体进行遥控或遥测外，还经常集成为一个统一的遥控、遥测系统。在这个统一的系统中，遥测分系统获取被测控对象的工作状态参数，作为遥控分系统对其进行管理和控制的重要依据；遥控的效果再由遥测分系统反馈到测控中心作为下次遥控的参考。下面通过测控系统来看遥控分系统和遥测分系统的工作原理。

测控系统由遥测分系统、测控中心和遥控分系统三部分组成。遥测分系统包括传感器、遥测数据传输设备和遥测终端；遥控分系统包括指令产生器、指令传输设备、指令检出器和执行机构；测控中心主要是操作员和计算机。测控对象可以是运动中的卫星、飞船、飞机、飞艇、车辆和舰只等物体，也可以是电力网、输油送气的管线和水库等固定的设施。

传感器负责规定参量的采集和转换，它因需测量的参量而异，需测量的参量随测控对象的情况而不同。传感器通常包括敏感元件和转换元件两部分，敏感元件感受规定的参量，转换元件将敏感元件感受的参量按一定规律转换成符合传输系统输入端要求的信号。一个测控系统通常含有若干个传感器。

3. 遥测技术在航天技术中的应用

航天是遥测、遥控技术的一个重要的应用场合。遥测技术是对相隔一定距离的对象的参量进行检测并把测得结果传送到接收地点的技术。完成遥测任务的整套设备称遥测系统。航空航天遥测使用的传送载体是无线电波，所以也称无线电遥测。通过遥测可实时监视飞行器及其内部主要设备的工作状态和性能，及时了解航天员的生理状况等。分析遥测数据可对设计做出评价，为改进设计提供依据，缩短飞行器的研制周期。

飞行器遥测的传输距离一般很远，尤其是航天遥测通常是几百公里到几千公里，甚至几亿公里。飞行器上不可能安装高增益天线，而且飞行器是运动的，所以遥测站一般都采用高增益的大型自动跟踪天线。在人造卫星（见图 7-18）、载人飞船中，遥测、遥控、电视和通信常常共用一个无线电信道，以便简化设备和提高系统可靠性。多级运载火箭和航天器的遥测参数可多达数百路到数千路，而且有些参数的变化频率高达数千赫，所以遥测的信息量很大，常需要多套遥测设备并行工作，有时需要在飞行器上用磁记录器记录数据，以后回收磁带，获取遥测数据。飞行器上遥测设备的特点是：体积小、重量轻、功耗小、可靠性高、能在恶劣的环境（低温、振动、加速度、粒子辐射等）下正常工作。此外，遥测系统还应具备使用灵活、能实时处理数据的特点。对火箭和返回型航天器遥测还存在一个特殊问题：再入大气层时，在飞行器周围形成等离子鞘，它强烈吸收和反射电磁波，使无线电遥测信号中断。人们常采用两种解决办法：一种是把这段时间的遥测数据暂存起来，待飞出这个黑障区后再快速重发到地面，这是“记忆重发”法；另一种是用磁带把这段时间中的遥测数据记录下来，以后回收磁带。此外，在航天器跃出地面接收站的接收范围时或多级火箭级间分离（见图 7-19）火焰造成信号中断以及导弹水下发射时，也常采用这两种办法获得遥测数据。

图 7-18 “嫦娥一号”卫星

图 7-19 火箭

随着计算机和微电子技术的发展而出现的新遥测技术，即自适应遥测，主要包含可变格式和数据压缩技术。

在宇宙探索中，遥测技术帮助了解太阳系遥远天体上的气温、大气构成和表面情况；投放在敌方的遥测仪器能传回许多情报；取得导弹和飞机的飞行数据；收集核试验情况也要靠遥测技术。

4. 遥测技术在其他领域中的应用

在工业上遥测技术使许多庞大的系统高效安全运行，如电力、输油、输气系统、城市自来水、煤气和供暖系统等。在研究动物的生活习性中，遥测技术也是有力的手段，动物带上有传感器的发报机后，在实验室就可研究野外动物的动态。遥测技术也用在医学上，如测定宇航员和登山队员身体情况。

思 考 题

1. 你能够感知各种测量与控制技术是建立在高等数学与普通物理等理论基础课之上吗？你能够通过网络查询到光电检测技术包含哪些内容？

2. 光波长 λ 的概念是什么？He-Ne 气体激光器的波长为多少？能够利用它来测量长度量吗？

3. 高速、高准确度和非接触检测技术是建立在哪些基础课程上的？没有这些理论基础的铺垫，能够学好这些技术基础吗？

4. 遥感探测技术需要哪些技术支持？不懂电磁理论能否理解电磁的发射与接收？

5. 信息存储、传输与处理的概念怎样建立？你能够通过“手机的功能”了解一些信息存储、传输与处理的基本知识？

第 8 章　测控专业的知识体系与课程体系

8.1　测控专业人才培养方案与要求

测控技术围绕着信息的获取、处理、控制、传输这样一条主线进行。测控专业包含电子技术、精密机械技术、光学技术、计算机技术和自动控制技术等多学科技术。测控技术与仪器专业人才培养应注重相关学科知识的讲授，最新技术的传授和实践动手技能的训练。

8.1.1　培养目标

教育部 2012 年颁布的《普通高等学校本科专业目录》中明确了测控技术与仪器专业的培养目标："本专业培养专业知识、实践能力、综合素质全面发展，掌握测量、控制和仪器领域的基本理论、专门知识和专业技能，掌握信息获取、传输、处理和应用的技术方法，具有测量控制领域技术集成和仪器综合设计应用能力的复合型工程科技人才，能在国民经济各部门从事测量控制与仪器领域的科学研究、设计制造、技术开发、应用研究、质量控制和生产管理等工作"。测控技术与仪器专业学生应系统地学习精密机械、电子、光学、计算机技术等专业基础知识，掌握控制工程基础理论、测控技术、计算机控制技术、产品质量检测和质量控制等专业知识及运用能力，并能够进行英语、计算机自我学习的能力。通过相关实验、课程设计和毕业设计等实践环节的培养，使学生具备扎实的基础和专业理论，较强的实践动手能力和计算机应用及控制能力。

8.1.2　培养要求

本专业学生主要学习测量理论、仪器设计与测控系统集成技术基础，学习测量、控制和仪器相关的光学、机械工程、电子与计算机科学、自动控制等理论与技术基础，通过多种教学环节和工程实践，接受现代测控技术等基础训练，具有测控系统和仪器设计、开发及集成应用能力。

要求本专业毕业生获得以下几个方面的知识能力：

1）掌握测量理论、测量控制技术、测控系统和仪器分析、设计与集成应用的基本理论和专业知识。

2）掌握分析和解决测量、控制和仪器领域实际问题的基本技能和方法，具有综合应用光学、机械电子、计算机技术、控制等领域知识的能力。

3）具有判断性思维、创新意识和科学研究的基本能力。

4）熟悉国内外产品质量控制和安全生产的政策、法规，对目前国内外本专业常用的技术规范和标准有一定的了解，熟悉市场经济、企业管理等基本知识。

5）至少掌握一门外语，能熟练阅读本专业外文资料，具有国际视野和跨文化环境下的沟通与交流的初步能力。

6）具有良好的职业道德、敬业精神和社会责任感。

7）具有较扎实的自然科学基础，较好的人文素养，较强的语言文字表达、交流沟通和团队合作的能力。

8）具有终身学习意识和获取新知识的能力。

8.2　测控专业的理论基础和知识体系

测控技术与仪器专业是一个综合性很强的边缘性的交叉学科仪器仪表学科所属专业，它从系统工程的角度出发，以检测理论和误差分析理论为指导，研究如何合理地应用机械、电子、光学、计算机、自动化、通信等各专业领域的知识，构建精确、稳定、可靠、经济，并具有小型化、集成化、智能化、网络化、自动化特征的测试、计量和控制系统，它是工业信息产业链中必不可少的环节。

8.2.1　理论基础

仪器仪表学科是一个很大的范畴，它涉及自然学科、工程技术以及人类社会生活等各个方面的测量与控制问题。测控技术与仪器专业理论基础如图 8-1 所示。仪器仪表的核心内容可以用 4 个关键词——计量、测量、仪器和传感器来描述。在相关学科基础上，除了数学、物理、化学基础知识之外，还包括精密机械、材料、电气电子、光学、通信、计算机，以及信号处理与控制等多学科知识和仪器测量对象所涉及的专业技术领域。所以测控技术与仪器专业作为仪器类的唯一一个本科专业，要求本专业学生具有扎实的数学、物理学科基础，需要经过多学科综合训练，面向众多应用对象。

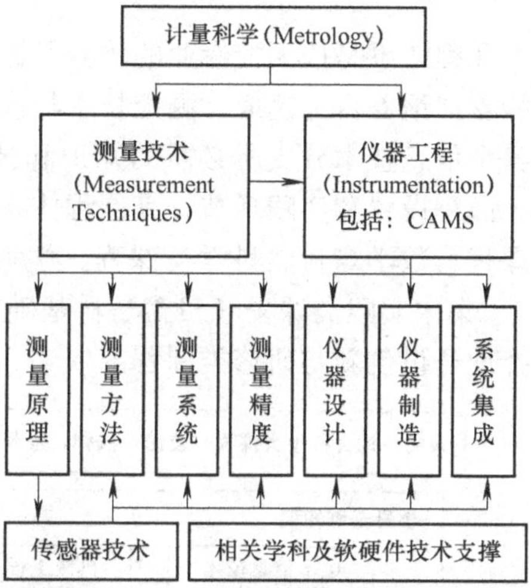

图 8-1　测控技术与仪器专业理论基础

8.2.2　知识体系

仪器科学与技术教学指导委员会《仪器仪表类专业规范》（2006. 11）中综合提出了测控技术与仪器专业的本科教育的知识体系应由图 8-2 所示的五部分内容组成。

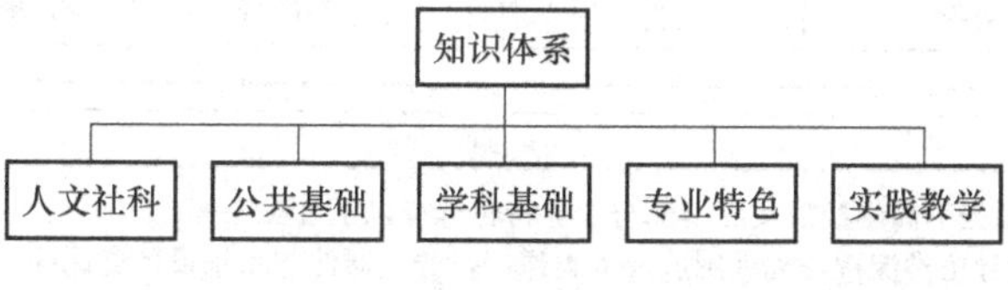

图 8-2　测控技术与仪器专业本科教育知识结构图

测控专业本科教育的知识体系主要内容包括下列知识点：

1）自然科学和人文社会科学知识。

2）光、机、电、计算机相结合的测控技术基础知识。
3）信息获取、分析、处理、控制、执行的基础理论和方法。
4）基本参数的测控技术和方法。
5）计算机技术在测量控制中的应用知识。
6）现代管理理论和方法。

8.3 测控专业的主干学科与课程体系

8.3.1 主干学科

测控技术与仪器专业是仪器仪表学科下设的唯一一个本科专业，它的主干学科较多，如仪器科学与技术、光学工程、控制学科与工程、信息与通信工程等。

8.3.2 课程体系

课程体系是按测控专业的培养目标、技能要求和知识体系要求设计的。课程体系的建立应能支持培养目标达成。测控技术与仪器专业课程体系应围绕信息的获取、处理、传输和控制各个信息技术分支所必需的知识和技能，及其应用所相关的人文社会知识来确定教学内容、课程设置和实践环节，其课程体系构建框架图如图8-3所示，主要包括人文与社会科学类课程、数学与自然科学类课程、学科基础类课程、专业类课程（专业基础知识和专业知识）、集中实践类课程（覆盖学科基础类和专业类课程的相关知识点）等五大部分，并可有选择地开设创新与研修类课程。

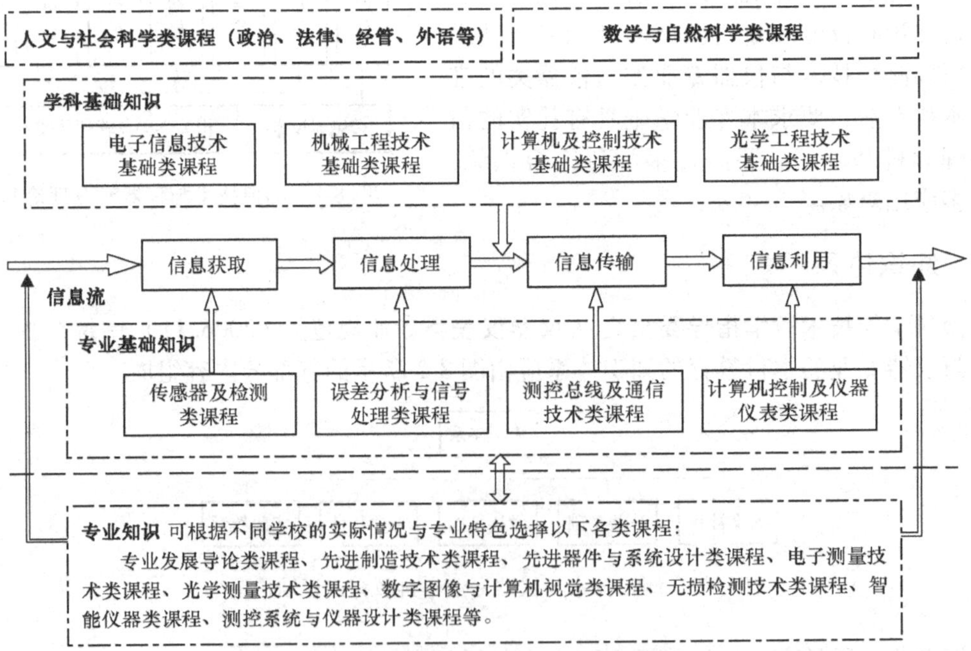

图8-3 课程体系构建框架图

仪器科学与技术学科是集“光、机、电、算”为一体的综合性较强的学科，各大院校在安排课程时普遍存在课程难度大、门数多的问题，学起来比机械类和电子类专业的难度要大。尽管进行了一些改革，在人才培养模式上仍然没有大的变化。因此，教学内容与课程体系的设置并不容易。

另外，测控技术与仪器专业的应用领域也十分广泛，在有限的课时内很难将各个知识点都讲透。各个高校一般按照自己的发展途径和专长设置培养方案，有的侧重于光学仪器，有的侧重于机械仪器，有的侧重于电子仪器。

1. 课程设置

仪器科学与技术教学指导委员会《仪器仪表类专业规范》（2006. 11）中给出了测控专业本科教育的课程设置相关示例。根据学校类型的不同，课程的内容、学时有所不同。

根据仪器专业本科教学质量国家标准（讨论稿 2014. 10）测控技术与仪器专业的课程设置如图 8-3 所示。

人文与社会科学类课程能够使学生在从事工程设计时考虑政治、经济、文化、环境、法律、伦理等各种制约因素。

数学与自然科学类课程能够使学生掌握数理基础理论和基本实验方法，为学生将相应基本概念运用到工程问题的表述、分析与解决奠定基础。

学科基础类课程能够使学生掌握电子信息、机械、计算机、控制和光学等相关学科基础理论与知识，及其在本专业的应用特点（注：光学基础类课程可依据办学特色不同而有所选择）。

专业类课程、实践环节应能体现测控系统与仪器设计、实现和应用能力的培养，并体现仪器科学与技术学科发展的特点和趋势及其在社会发展中的地位与作用。

人文与社会科学类课程约占 25%；数学与自然科学类课程约占 20%，学科基础知识和专业知识课程约占 40%，集中实践类课程约占 15%。各校可以根据实际情况适当调整比例。

测控技术与仪器专业依据办学特色主要可分为电子测量仪器、自动化仪表、精密仪器三个类型，下面按照三个类型给出 3 个核心课程体系示例。

（1）测控技术与仪器专业（电子测量仪器类）示例 1

表 8-1 为专业核心课程名称、学时和教学进程安排（电子测量仪器类）。

表 8-1　专业核心课程名称、学时和教学进程安排（电子测量仪器类）

序　　号	核心课程名称	学 时 要 求	进程安排（学期）
1	电路基础	64	3
2	数字逻辑设计及应用	64	3
3	电子技术实验基础	48	3
4	微处理器系统结构与嵌入式系统设计	80	4
5	信号与系统	64	4
6	机械工程基础	32	4
7	传感器原理及应用	48	4
8	自动控制原理	64	5
9	光学工程	48	5

（续）

序　　号	核心课程名称	学 时 要 求	进程安排（学期）
10	精密仪器	48	5
11	计量测试技术	32	5
12	微波技术与电路	64	6
13	电子测量原理	80	6
14	自动测试系统与虚拟仪器	64	6
15	基础工程训练	72	6
16	综合（专题）课程设计	96	7

（2）测控技术与仪器专业（自动化仪表类）示例 2

表 8-2 为专业核心课程名称、学时和教学进程的安排（自动化仪表类）。

表 8-2　专业核心课程名称、学时和教学进程安排（自动化仪表类）

序　　号	核心课程名称	学 时 要 求	进程安排（学期）
1	电路原理	64	3
2	数字电子技术	56	4
3	模拟电子技术	56	4
4	电子技术实验	32	4
5	自动控制原理	64	4
6	计算机原理及技术	64	5
7	工程光学	40	5
8	传感器原理	64	5
9	误差理论与数据处理	40	5
10	检测技术及仪器	64	6
11	嵌入式系统	48	6
12	自动化装置	56	6
13	过程控制工程	32	6
14	测控软件技术	32	6
15	测控系统设计	48	7
16	过程检测仪表及监控系统实践课程	32	7

（3）测控技术与仪器专业（精密仪器类）示例 3

表 8-3 为专业核心课程名称、学时和教学进程安排（精密仪器类）。

表 8-3　专业核心课程名称、学时和教学进程安排（精密仪器类）

序　　号	课 程 名 称	学 时 要 求	进程安排（学期）
1	测控技术与仪器专业导论	16	1
2	电路基础	64（16）	2
3	工程力学	44（4）	3

（续）

序　号	课程名称	学时要求	进程安排（学期）
4	测控电路基础 A	54（10）	3
5	测控电路基础 B	38（10）	4
6	信号与系统	40（8）	4
7	精密机械设计基础 A	40（8）	4
8	工程光学 A	40（16）	4
9	精密机械设计基础 B	40（8）	5
10	工程光学 B	40（16）	5
11	自动控制原理	48（8）	5
12	数字信号处理	30（4）	5
13	微机原理	40（16）	5
14	传感理论与技术	32	5
15	精密测试理论与技术 A	40	5
16	精密测试理论与技术 B	32	6
17	测控电路	32	6
18	测控系统与仪器设计	48（8）	7

测控技术与仪器专业的课程体现了多学科基础理论既交叉融合又各成体系。如：

数学系统有：高等数学、线性代数、工程数学、概率论与数理统计等。

机械系列有：机械制图、工程力学、机械设计基础、精密仪器设计等。

电子系列有：电路分析基础、模拟电子技术、数字电子技术、微机接口技术、单片机原理等。

测控理论有：误差分析与数据处理、传感器技术、信号与系统分析等。

测控技术有：测控系统设计、测控仪器设计、智能仪器和虚拟仪器等。

2. 相关课程简介

（1）模拟电子技术

模拟电子技术是研究各种电子器件、电子电路及其在各领域中的应用技术，是电类专业学生的必修课之一和考研考试课程之一。

它是以二极管、晶体管和场效应晶体管为关键电子器件，包括功率放大电路、运算放大电路、反馈放大电路、信号运算与处理电路、信号产生电路、电源稳压电路等为研究方向。

（2）数字电子技术

数字电子技术是以二进制电信号处理、运算为基础的电子电路技术，如数字信号的基本运算——加法器、比较器；数字时序信号的记忆处理——触发器、存储器、锁存器；信号的编码处理——编码器、译码器、分配器；时钟信号处理——时钟信号发生器、计数器、分频器；波形与信号变换——数字滤波器、A-D 转换器、D-A 转换器等。

（3）传感器技术

传感器技术是测控技术与仪器专业的一门专业基础课程，详细阐述了各类传感器的工作原理，传感器工作的物理效应、基本结构、相应的测量电路和误差补偿，在各个工业领域中的应用，学生要掌握常见传感器的使用方法和设计要点的基本技能。

工业生产、生活服务等方面都离不开传感技术。以当下研究的热点方向机器人为例，其所应用的传感器有：转动/移动位置传感器、力传感器、视觉传感器、听觉传感器、接近距离传感器、触觉传感器、热觉传感器、嗅觉传感器等，这些信号如何融合处理体现了机器人的智能水平。

（4）微机原理与接口技术

计算机已经应用于国民经济的各个领域，它的普及与应用使人们传统的工作、学习、生活乃至思维方式发生了巨大变化。微机原理与接口技术几乎是所有理工科大专院校学生的一门必修课，是考研的专业课之一。

微机原理与接口技术要求学生掌握计算机的硬件组成及使用；学会运用指令系统和汇编语言进行程序设计；熟悉各种类型的接口及其应用，树立起计算机体系结构的基本概念；培养利用硬件与软件相结合的方法分析解决本专业领域问题的思维方式和初步能力，为以后跟踪计算机技术的新发展，进一步学习和应用相关方面的新知识、新技术打下必要基础。

课程以 PC 系列微机作为主要研究对象，包括微机硬件组成及工作原理、微机接口技术、微机应用技术三大部分内容，主要包括微机系统概述、典型微处理器、指令系统、汇编语言程序设计、存储器系统、微机总线与输入/输出技术、中断系统、典型接口芯片及其应用等内容。

强调与工业实际应用相结合，加强汇编语言程序设计和接口电路设计等部分的理论教学及实际操作，提高系统软硬件的设计能力。

（5）测控电路

测控电路不是一般意义上电子技术课程的深化与提高，而是如何在电子技术与测量、控制之间架起一座桥梁，使学生熟悉怎样运用电子技术来解决测量与控制中的问题，实现测控的总体思想，围绕“精、快、灵”和测控任务的要求来选用和设计电路。结合检测、控制两方面进行阐述，目前正向着检测、控制电路高度融合方向发展。

测控电路内容包括：信号放大电路、信号调制解调电路、信号分离电路、信号运算电路、信号转换电路、信号细分与辨向电路、逻辑控制电路、连续信号控制电路和典型测控电路分析等。

（6）智能仪器

智能仪器是计算机技术与测量仪器相结合的产物，是含有微计算机或微处理器的测量（或检测）仪器，它拥有对数据的存储、运算、逻辑判断及自动化操作等功能，具有一定智能的作用（表现为智能的延伸或加强等）。

近年来，智能仪器已开始从较为成熟的数据处理向知识处理发展。

模糊判断、故障诊断、容错技术、传感器融合、机件寿命预测等，使智能仪器的功能向更高的层次发展。

含有微计算机的智能仪器是计算机技术与测量仪器的结合，它所具有的软件功能使得仪器呈现出某种智能的作用。相对于传统的、纯硬件的仪器来说是一种新的突破，其发展潜力十分巨大。概况来说，智能仪器具有以下特点：

1）整个测量过程在软件控制下进行，实现了自动化。

2）可对测量数据进行存储和处理。

智能仪器具有测量过程软件控制和数据处理功能，这使得一机多用成为可能。

3）面板控制简单灵活。

智能仪器使用键盘代替传统仪器中旋转式或琴键式切换开关来实施对仪器的控制，只需键入命令，就可实现各种测量功能。这既有利于提高仪器技术指标，又方便了仪器的操作。与此同时，还可将系统的运行情况、工作状态以及对测量数据的处理结果通过显示屏显示出来，更形象直观。

4）具有可程控操作能力。

一般的智能仪器都有 GPIB 或 RS232C、USB 等标准通信接口，可以很方便地与计算机联系，接收计算机的命令，使其具有可程控操作的功能。

（7）自动控制原理

自动控制是指无需人的直接参与，通过控制装置，使其设备、生产过程等按照预定的规律运行，完成要求的任务。自动控制原理主要介绍了自动控制概论、控制系统的数学模型、线性系统的时域分析法、根轨迹法、频域分析法以及线性系统的综合与校正、采样控制系统。

自动控制原理是一门理论性较强的课程。作为电类各专业的学科基础课，它既是基础课程向专业课程的深入，又是专业课程的理论基础，也是考研的专业课之一。

自动控制原理以构成自动控制系统的一般规律为研究内容，用现代数学分析工具，拉普拉斯变换和传递函数、矩阵理论等工程数学方法对各种自动控制系统，如连续系统、离散系统等进行研究。

自动控制原理主要内容包括：自动控制系统的基本组成和结构、自动控制系统的性能指标，自动控制系统的类型（连续、离散、线性、非线性等）及特点，系统数学模型的建立和动态结构图等效变换法则，自动控制系统的分析（时域法、频域法等）和设计方法等。

通过学习可以了解有关自动控制系统的运行机理、控制器参数对系统性能的影响以及自动控制系统的各种分析和设计方法等。自动控制系统在家用电器中经常用到。比如，电扇的转速控制，洗衣机的水位控制、强弱控制和时间控制，电冰箱、空调器、电饭煲的温度控制等。

课程相关的基本概念有：系统、反馈、框图、信号流图、传递函数；稳定性、基本环节、时间常数、阻尼系数，脉冲响应、阶跃响应、动态性能指标、稳态误差、根轨迹、主导极点、频率特性、矫正和综合、典型的非线性特性、描述函数、相平面、自持振荡、采样控制、Z 变换、脉冲传递函数。

（8）单片机

单片机又称单片微控制器，它不是完成某一个逻辑功能的芯片，而是把一个计算机系统集成到一个芯片上。和计算机相比，单片机只缺少了 I/O 设备，也就是一块芯片就成了一台计算机。它体积小、重量轻、价格便宜（不超过 10 元），为学习、应用和开发提供了便利条件。

人们现在用的全自动滚筒洗衣机、抽油烟机、豆浆机等家电里面都可以看到它的身影，它是控制部分的核心部件。

（9）虚拟仪器

主要是以计算机为核心，通过最大限度地利用计算机的软硬件资源，使计算机不但能完成传统仪器测量控制、数据运算和处理工作，而且可以用强大的软件去代替传统仪器的某些硬件功能。

利用高性能的模块化硬件，结合高效灵活的软件来完成各种测试、测量和自动化的应用。灵活高效的软件能创建完全自定义的用户界面，模块化的硬件能方便地提供全方位的系统集成，标准的软硬件平台能满足对同步和定时应用的需求。

8.4 实践教学

实践教学是高等教育中不可缺少的重要环节，它可以提高教学质量、培养学生的动手能力，激发学生的创新潜能。它与理论教学相辅相成。通过实践学习使学生获得基本生产的感性认识，从而加深理论认识，它也是学生接触社会、了解产业现状、了解国情的一个重要途径。实践教学以理论教学为基础，同时又体现专业特点或课程所在学科特点。如“机械制图”课程的实践环节因学科专业不同，内容不一定千篇一律，都是常见台虎钳、减速器等机械零部件测绘。比如，测控技术与仪器专业光学仪器方向就可以选择光组镜头的测绘，这样既达到了对机械制图基本绘图方法、绘图技巧的训练，也补充了专业制图方面的知识和技能。

8.4.1 实验教学

测控技术与仪器专业的实验教学是全面实现人才培养目标的重要环节。科学技术的发展和学科间的交叉渗透，对实验教学不断提出新的要求。实验内容的设置以强化学生工程实践能力、动手能力的培养为主。首先要删除部分内容陈旧、测试手段落后的验证性实验，然后引入一些科技含量较高的综合性和思考性的内容。重要的实验单独设课，增加对实验的重视程度。

例如，传感器技术是测控技术与仪器专业的一门专业基础课程。该课程详细介绍了各类传感器的工作原理、基本结构、相应的测量电路及在各个领域中的应用。所以传感器技术的实验设置出发点应该是培养学生研究各种传感器原理以及掌握传感器检测的方法，使学生掌握如何进行检测系统方案设计和搭建的初步知识。实验项目名称及实验内容提要等见表8-4。

表8-4　实验项目简表

序号	实验项目	实验内容提要	学时	每组人数	实验类型
1	箔式应变片性能	电阻式传感器中的应变片式传感器，桥路测量信号，通过改变位移来改变应变，观察输出	2	1	验证
2	电容式传感器特性	差动电容式传感器工作原理和电路测量方法	2	1	验证
3	光电传感器的应用	光敏开关的原理和应用：电极转速与显示频率之间的关系	2	1	验证
4	热电式传感器	热电偶的结构，热电偶的工作原理	2	1	验证
5	霍尔传感器	霍尔式传感器的结构、工作原理	2	1	验证
6	压电式传感器	熟悉压电式振动传感器的结构和原理；测定悬臂梁的振动特性	2	1	设计

该课程实验教学的基本要求应该是：

1）巩固和加深学生对理论知识理解。

2）培养学生实际动手能力，掌握各类仪器仪表的操作技能和实验能力。

3）熟悉各类常用传感器的原理和结构，理解各类传感器的工作原理和特性。

4）掌握各类传感器的应用，并能根据工程实际需要对各类测控系统进行初步设计和搭建。

实验教学内容应包含验证性和设计性项目。设计性项目是学生自行设计、组织实施的实验内容。在设计实验前，教师可向学生做必要的辅导提示，把实验的名称、目的与原理、主要方法以及注意事项等讲清楚。然后由学生独立思考、讨论设计实验方案，提出理论依据，选择实验方法，确立观察内容，设想实验结果。学生的设计性实验方案应交教师进行指导与审批。教师的主导作用在于引导学生优选实验内容，指导实验操作，解决实验过程中遇到的问题，对实验结果进行分析讨论，使学生从中得到启迪，提高能力。

验证性项目是以加深学生对所学知识的理解，掌握实验方法与技能为目的，验证项目所涉及原理、理论或结论，应以学生为具体实验操作主体，通过实验现象观察、数据记录及处理分析直至得出被验证的原理、理论或结论的实验项目。

8.4.2　课程设计

课程设计一般有两个含义，一是为掌握某一课程内容所进行的设计，此含义的课程设计称作“课程实习”；也可以指“对某一门课程进行教学策划的研究活动”，此含义的课程设计称作“课程开发”。本书着重分析第一种情况。“课程实习”课程设计题目的选取有很多方式，可依据课程名称的选取，如：传感器原理及应用课程设计，则此课程设计的内容肯定是围绕本课程内容，以及相关先修课程的知识去解决实际应用问题，加深对该课程的理解。传感器原理及应用课程设计也可按照以常见传感器的原理及工程实际应用为中心来组织题目及要求，主要培养学生查阅资料，搜集与本设计相关的资料，进行方案设计，考虑技术和成本的合理性，对设计方案进行合理选择。通过课程设计，可以提高学生分析问题和解决实际问题的能力、相关工程计算能力、计算机应用能力及文字表达能力等。根据实际情况，测控技术与仪器专业可以开设：应用光学课程设计、机械设计基础课程设计、计算机接口技术课程设计、测控仪器课程设计、光电技术课程设计、光电仪器创新设计等。

课程设计题目设置也可以以多门课程为基础，比如应用光学课程设计的题目可以设置为：监控镜头的设计。设计内容所涵盖的知识点可以包括“应用光学”“机械设计基础”“光学设计及 CAD”“光学零件加工工艺”“光学检测”“光学装校”等课程的内容。如果课程设计题目及其内容选得好，学生将受益匪浅。

8.4.3　毕业设计

毕业设计是教学过程的最后阶段采用的一种总结性的实践教学环节。通过毕业设计，能使学生综合应用所学的各种理论知识和技能，进行全面、系统、严格的技术及基本能力的练习。要求学生针对某一课题，综合运用本专业有关课程的理论和技术，做出解决实际问题的设计，目的是总结检查学生在校期间的学习成果，是评定毕业成绩的重要依据；同时，也使学生对某一课题做专门深入系统的研究，巩固、扩大、加深对已有知识的理解，培养学生综合运用已有知识独立解决实际问题的能力。毕业设计是学生走上国家建设岗位前的一次重要的实习环节。毕业设计的基本流程如下：

1. 确定毕业设计题目

一个恰当的毕业设计题目，能强化理论知识及实践技能，使学生充分发挥其创造力想象力，从而顺利地完成毕业设计。毕业设计的选题可以从以下几个方面入手：①有利于所学知识的总结归纳；②能结合学科知识；③能理论联系实际；④有一定的应用价值。

2. 对毕业设计的课题分析及开题报告的撰写

毕业设计需要对题目进行系统分析（背景分析、市场分析、总体设计、部分模块设计等）。这一步的重点是了解设计内容，对毕业设计编写完成计划表，表明什么时间段该完成什么。这个过程时间不宜太长，控制在一个月之内。

3. 真正开始做毕业设计

毕业设计指导教师在给学生布置设计任务后，要指导学生分析课题，确定设计思路，充分利用图书馆、电子期刊等相关资料，注重理论与实践的差距，充分考虑设计的可行性。在指导教师的指导和把控下完成毕业设计论文的撰写工作。

4. 参加毕业设计答辩

毕业设计答辩是检查毕业设计质量的一次“口试”。通过答辩，有助于学生进一步总结设计过程，检验设计内容，增强设计信心，为真正走向工作岗位打下坚实的基础。毕业设计答辩要考查学生所学专业知识和基本理论。通过毕业设计答辩也可以帮助学生总结大学四年所学知识。教师同时要注意积极引导学生总结设计过程中积累起来的经验，分析设计结构，找出不足及可能提高的方法。

完成答辩后，教师完成对毕业设计的成绩评定。每个学校有不同的评定方法。这里就不详细阐述了。

思 考 题

1. 通过本章学习，你所理解的“测控技术与仪器专业”应该掌握哪些基本技能？它的技术基础课有哪些？

2. 大一阶段有哪些基础理论课？为什么学校这样安排，能够理解其中的道理吗？

3. 测控技术与仪器专业为什么要兼顾光学、电子技术、计算机技术和精密计量技术？怎样学习好这么多的课程？

4. 测控技术与仪器专业课中哪些课程属于目前的新型技术？怎样利用大学四年学习时间学到“真才实学”？

5. 测控技术与仪器专业学生应该掌握哪些基本理论？应该完成哪些实践教学环节，能够理解学校设置这些实践教学环节的目的吗？

第9章 就业、创业与考研深造

到高等院校学习的主要目的是掌握更多理论与技能，找份理想的工作，更好地为社会服务，称为就业。利用大学阶段所学的理论知识和技能，根据社会的需要创办当前尚未发现或没有的企业，服务于社会的行为称为创业。二者都是直接参加工作，为社会直接创造财富。

大学本科是专业学习的第一阶段，主要学习本专业的基本理论和基本技能，对于更深入的理论和更全面的技能显然不够，测控技术与仪器专业还设有硕士与博士教育，需要继续深入学习，才能成为可堪大用、能担重任的栋梁之才。但是，继续深造需要通过考试才能进入下阶段的学习，鼓励有志青年考研深造。

9.1 就业

仪器仪表类企业的发展直接影响国民经济各个部门的发展与技术进步，影响国防工业与国防科技的发展。提高生产效率，提高经济效益，都需要仪器仪表的支持，仪器仪表的技术水平直接影响国家科技现代化的水平。当前仪器仪表正向小型化、便携化、现代化与智能化的方向发展，应用前景无限光明。随着科技进步的不断深入，我国现代化建设的飞速发展，对掌握先进测控技术人才的需求将越发迫切。

9.1.1 就业前景

测控技术与仪器专业是仪器类学科的唯一本科专业，肩负着工业（包括国防工业）、农业、林业与国民经济各个领域的测量、控制、仪器仪表的设计、开发和监管等任务。涉及面非常广泛，大到航空母舰，小到居家小机电、小用品（如牙刷）、儿童玩具等产品的质量检测、监督与质量控制，都需要本专业的技术人才介入，这些都是测控技术与仪器专业毕业生就业的去处。

测控技术与仪器专业的培养目标指出：本专业培养专业知识、实践能力、综合素质全面发展，掌握测量、控制和仪器领域的基础理论、专门知识和专业技能，掌握信息获取、传输、处理和应用的技术方法，具有测量控制领域技术集成和仪器综合设计应用能力的复合型工程技术人才，能在国民经济各部门从事测量控制与仪器领域的科学研究、设计制造、技术开发、应用研究、质量控制和生产管理等工作。因为仪器仪表是各个领域都需要的质量监督、检测和监测的设备，需要对检测设备进行开发、设计、加工与装配，也需要对设备的使用进行学习、研究，实现质量控制和生产管理，都是本专业技术人才的工作。从培养目标中不难看出，本专业学生可以到以下几个方面寻找就业与发展的职位。

1. 到科研院、所，从事仪器仪表的研究、开发

各省、市及自治区都设立了各种各样的研究院、所，从事各行各业的质量监督检测仪器设备与仪表的研究、设计、制造、监管与使用等工作，需要测控技术与仪器专业人员的共同研究与开发。当然，到研究院所从事仪器仪表的研究制造与设计开发需要在大学阶段打好理论基础，培养开拓创新的本领，才能适合研究、开发工作。

2. 到仪器仪表制造企业从事仪器仪表的设计、调试、检测与研发

仪器仪表制造企业几乎各省都有，各个行业都有相关仪器仪表的制造企业，到这些企业去，从事现有仪器仪表使用、维护和现有生产工艺的改进，在确保产品质量的前提下提高产品生产效率、降低成本。降低产品成本永远是企业生存、发展的原动力，也是仪器仪表发展的重要因素。

我国现代化工业发展进程飞速，新型仪器仪表不断涌现。创新设计是各个企业发展的原动力，需要大量专业技术人才的参与；设备生产过程需要调试、检测的项目不断增加，需要掌握测控技术与仪器专业知识的支持，需要专业技术人才，尤其需要热爱本职工作，爱岗、敬业的人完成各项检测任务。

3. 到各个省市的计量监督、检测机构从事质量技术管理

各省市都设立了产品质量技术监督部门对本省、本市所生产的产品进行质量技术的监督检测，尤其是对高压、高热和关乎人类生命安全的产品更要进行严格的质量监管。测控技术与仪器专业系统地学习了产品质量标准体系，主要目的是能够适应产品质量监管工作的需要，要做好到省市级计量监督、检测机构从事质量技术管理的准备，因为这些部门是测控技术与仪器学生发挥作用的场所。

4. 到现代化生产企业从事产品质量保障与管理工作

中国质量大会对技术和管理两方面提出要求：要大力推动企业质量技术创新，加快技术改造步伐，不断提高产品档次和附加值。管理是质量发展的重要基础。要积极推广应用先进管理办法和先进标准，健全质量管理体系，提高产品的稳定性、可靠性，提高服务的基本功、舒适度。

各行业的生产企业内容非常丰富，企业包括大型企业、中型企业、小型企业和微型企业，生产企业的共同特点是生产产品，产品质量是企业的生命线，如何确保产品质量，是任何向上发展的企业的高管十分关注的工作。确保产品质量稳定，需要对产品的各项性能指标进行出厂前的检测，是企业质量标准的检测部门，常称其为 QC（Quality Control）。为提高产品竞争力，生产企业要不断地提高产品的质量，包括功能的提高、生产效率的提升和成本的降低。这是企业研发部门、质量检测部门的任务与工作，也都是测控技术与仪器专业学生发挥作用的地方。

5. 服务于社会各界

具有测控技术与仪器专业技能的学生还可以选择另外的职务，如仪器仪表的维修服务行业。很多行业离不开测量仪器与仪表，但是他们缺少对所用的仪器仪表的原理、结构、维护与维修的基本常识，没办法对所用仪器仪表出现的故障进行维修，维修任务只能落在学校学习过仪器仪表原理，知晓其设计思想的测控技术与仪器专业知识的人才身上。上海全站测绘科技有限公司是典型的服务于大地测量仪器如经纬仪、水准仪、全站仪等设备维修、维护、仪器校准、仪器改进与研发的企业。该企业为国内外多家仪器生产厂商生产的测量仪器产品进行维修、维护、服务于各种勘测、设计、施工企业。

6. 从事教育事业

目前我国已有2000所院校设立了测控技术与仪器专业，几乎遍布全国各个省市、自治区，其中很多高校需要测控技术与仪器专业的毕业生充实专业教育与开展研发工作，需要大量经过深造的专业人才从事教育事业。

习近平总书记在2014年9月9日第30个教师节前夕同北京师范大学师生代表座谈时指出："教育是提高人民综合素质、促进人的全面发展的重要途径，是民族振兴、社会进步的重要基石，是对中华民族伟大复兴具有决定性意义的事业。"教师是人类历史上最古老的职业之一，也是最伟大、最神圣的职业之一。从事教育事业神圣而伟大。

从以上6个方面不难看出社会对测控技术与仪器专业学生的需求量很大，就业前景一派大好。

9.1.2　就业准备

社会对测控技术与仪器专业的需求很大，就业前景很好，是否等于测控技术与仪器专业的学生很快就能够找到理想的工作呢？回答是否定的，因为"凡事都要做好准备才能成功"这是不争的事实。那么究竟需要做哪些准备？下面分几个问题讨论。

1. 确定合理的就业目标

明确就业目标并不是件易事，目前，社会的发展很不平衡，思想比较复杂，诱惑太大，首先需要端正思想，尤其要克服急功近利的思想。找工作要首先考虑发展前景，要做出自己成长成才的规划，做到"规划人生"，考虑长远发展。要使自己的发展与社会进步紧密结合，为此要考虑专业对口的问题，要认识到学校教育是打基础阶段，需要到社会去磨炼，需要到企业去实习、锻炼，接受继续教育。这就要求从长远利益出发考虑所求职的工作。不要从眼前的利益，尤其不要受金钱诱惑。

其次，不要攀比，年轻人尤其是刚刚毕业的学生非常容易攀比，讨论各自的工作，薪酬待遇、工作强度、休息时间等都是交流的话题。交流是好事，但是需要坚定自己的选择，不要轻易改变自己的规划，不受金钱诱惑，不能只看到眼前的利益，因心里不平衡而跳槽，最终影响自己的发展前程。

2. 知识、能力和技能的准备

拟定向技术研发型目标发展，需要尽早学好扎实的基础理论，学习好与专业相关的各门基础课。而有意从事管理的，则需要尽早了解管理岗位对人才的需求，早做准备。管理岗位要求具有范围更广的知识面，有一定的管理与办事能力，需要在大学阶段更多地参加社会工作，例如团委、学生会组织的各种学术团体、班级等管理工作，抓紧时间锻炼自己的工作与办事能力，做好从事管理工作的准备。

3. 树立良好的就业意识

目前企业、事业单位都执行竞争上岗的方式，优胜劣汰是社会主义初级阶段的表现，"双向选择"是需要做好心理准备的，每位毕业生都必须做好被选择的准备，树立良好的心态，准备好个人简介，用精练的语言说明自己，让人了解你的品德和才能。

要量力而行，根据自身条件、爱好和理想，有步骤地规划前程，尤其是我们生活在这样的国家、这样的社会，外部环境为我们实现自己的理想提供了非常优越的条件，剩下来的就是我们自己的努力了。细心地体会社会和周边环境，正确估价自己，要切合实际地设计人生，理解"先苦后甜"的道理，它说明了幸福美满的明天是需要付出艰苦努力之后才能获得的。不要相信"天上能够掉下馅饼"，要注意诱惑后面的"陷阱"。

要看重前程，尤其看企业发展史、企业老板与企业文化的文明程度，企业的发展前景有很多影响因素，老板的人品、企业文化是关键因素，不能光顾眼前利益，更不能钻钱眼，只看薪金。

4. 要理解储备

目前，企业招聘有多种储备，储备业务员、储备技术员、储备干部等。储备一词是近几年出现的，是因为高等院校培养的人才不能满足企业入职初期阶段的需要而采取的权宜之计。

目前，大多数高校对本科生的人才培养模式属于宽口径、重基础，目的是让学生能够适应更多企业的需要。而企业往往根据岗位的需求来招聘，岗位需要专业性很强的技术人才，二者存在着专业对口性的问题。企业不可能招聘到非常适合于岗位需要的人才，解决问题的方法之一是企业给刚刚招聘的新员工再培养，因此，诞生了“储备”一词。

被储备者要理解企业的良苦用心，要接受再学习、再教育，抓紧时间补上在上学期间没有学到的知识内容，以满足各个岗位对人才的需要。当然，树立了终身学习思想的学生不会对企业的再教育有任何反感，会欣然接受，并应该感谢企业对自己的培养与教育，感谢企业给自己成长发展的机会。

储备期间是补充学习，是实战前的锻炼机会，也是人生难得的机会，要做好准备。机会总是留给有准备的人。我们要抓紧时间做好准备，大学期间的学习就是在做准备，为祖国的繁荣富强做好准备。

9.2 创业

创业是近几年发展起来的新生事物，大学生创业是科技进步的需要，是企业转型发展的需要。目前，北京中关村高新产业园已有很多大学生成功创业的实例，说明大学生利用所学的知识能够闯出一条发展高新技术的创业之路。

中央与地方政府先后出台了若干扶持大学生创办高科技企业的政策，鼓励大学生创业，在高校设立了“大学生创业训练项目”，国家和地方政府投入经费鼓励在校大学生进行创业训练。为什么要鼓励大学生进行创业训练呢？需从下面几点进行分析：

1. 科技发展的需要

进入21世纪以来，科技进步飞速发展，很多企业都在提倡转型升级，不升级就有可能被淘汰，柯达公司的破产就是一个例证。

新技术促进新兴企业的发展已经成为技术创新的新潮流，是不争的事实。创新与创业紧密联系是企业生命力的体现，是企业发展的原动力。

创业需要掌握某种科技知识，需要具有浓烈的创新意识，有开拓进取之心才能走好创业之路。一些高校师生的创业道路就是这样走过来的，一些具有创新思想，掌握一定科技理论和实践技能的年轻人联手创办企业在我国随处可见。马云创办了阿里巴巴，柳传志创办了联想，任正非创办了华为。

2. 创业是企业新陈代谢的表征

生物存在新陈代谢早已被达尔文证实，企业也存在新陈代谢，很多企业转型才能发展，有些曾经辉煌的企业倒闭，其中因为技术进步原因的，可以理解为新陈代谢。

怎样能够促进企业的新陈代谢？关键是鼓励“创业”，国家与地方政府已经为“创业”

下调了准入门槛，注册一个企业再不用愁注册资金的问题，国家还要给创业大学生以资助鼓励，用新技术、新思路创办新企业，都能够得到中央与地方的资助。

3. 大学教育的提升

进入新时代，教育改革已经遍布全国各个高校，新技术渗透到各个学科，学科发展、新技术的引入为创办新企业提供了技术准备和有利条件。

目前，国家与各省都出台了“大学生创新创业训练计划项目”，即“两创项目”，目的是培养大学生的创新创业能力，鼓励大学生毕业后进行创业活动。

创新训练项目是鼓励那些学有所长的学生把他们的创新性充分发挥出来，实现理论学习与实践的充分结合，学与用的结合，得到创新训练；大学生创业训练项目是鼓励学生把学到的高新技术用到创业，创办适应市场需要的企业，培养创业意识，得到创业训练。

9.3　考研深造

考研是继续深造的一种选择，大学本科毕业后可以通过研究生入学考试继续学习本专业更深层的理论知识与实践技能，也可以考取与本科专业相差较大的专业，目的是扩展知识面，另外，通过考研还可对高校、对导师进行再选择。目前我国的硕士研究生入学考试对考生的学历有一定的要求，应符合下列条件之一：

1）国家承认学历的应往届本科毕业生。

2）具有国家承认的大学本科毕业学历的人员。

3）获得国家承认的大专毕业学历后，经两年或两年以上，达到与大学本科毕业同等学力，且符合招生单位根据本单位的培养目标对考生提出的具体业务要求的人员；国家承认学历的本科结业生和成人高校应届本科毕业生，按本科毕业同等学力身份报考。

4）已获得硕士学位或博士学位的人员，可以再次报考硕士生，但只能报考委托培养或自筹经费的硕士生。

9.3.1　考研方向

报考哪个学校，什么专业，需要认真仔细地研究，既不要跟随他人的引导，也不要受一些“考研辅导”的诱惑，一定要根据自己现在学习的专业，根据自己的规划和将来发展的需要报考合适的专业。要充分发挥自己的强项，根据查询到的学校专业介绍，进行选择、报考。规划要尽早做，最好是大一开始就下定决心是否考研深造。可通过网络查询学校，做好选择，观察每年的招生情况，有关注、有准备，实现考研深造的理想。

依据 2012 年教育部颁发的博士、硕士学位授权目录，测控技术与仪器专业学生可以选择报考的硕士研究生方向介绍如下：

1. 仪器科学与技术（0804）

仪器科学与技术为国家重点学科或称一级学科，下设 080401 精密仪器及机械和 080402 测试计量技术及仪器两个二级学科。有意报考的同学可上网搜索详细介绍，了解更为详细的内容与招生学校及其排名情况。

其中 080401 精密仪器及机械二级学科下设 23 个研究方向，具体报考哪所学校的哪个研究方向需要到相关学校网站上查询。

2. 控制科学与工程（0811）

控制科学与工程为国家级一级学科，具有博士、硕士授予权，下设几个二级学科。

（1）控制理论与控制工程学科（081101）

控制理论与控制工程学科以工程领域内的控制系统为主要对象，以数学方法和计算机技术为主要工具，研究各种控制策略及控制系统的建模、分析、综合、优化、设计和实现的理论、方法和技术。本学科培养从事控制理论与控制工程领域的研究、设计、开发和系统集成等方面的高级专门人才。

下设几个研究方向，需要到相关高校研究生招生网站仔细查询，例如中国计量学院下设3个研究方向，分别为：01 非线性系统理论；02 智能控制与智能检测；03 机器人技术。

（2）检测技术与自动装置学科（081102）

检测技术与自动装置学科下设3个研究方向，分别为：01 检测校准技术；02 太赫兹波检测与量子信息处理；03 电测与控制技术。

（3）模式识别与智能系统（081103）

“模式识别与智能系统”是20世纪60年代以来在信号处理、人工智能、控制论、计算机技术等学科基础上发展起来的新型学科。本学科培养从事模式识别与智能系统的研究、开发、设计等方面工作的高级专门人才。

模式识别与智能系统下设3个研究方向，分别为：01 智能机器人技术；02 迭代学习控制；03 智能检测与智能系统。

（4）导航、制导与控制（081104）

“导航、制导与控制”是以数学、力学、控制理论与工程、信息科学与技术、系统科学、计算机技术、传感与测量技术、建模与仿真技术为基础的综合性应用技术学科。该学科研究航空、航天、航海、陆行各类运动体的位置、方向、轨迹、姿态的检测、控制及其仿真，是国防武器系统和民用运输系统的重要核心技术之一。重点科目为：惯性定位导航技术；组合导航及智能导航技术；飞行器制导、控制与仿真技术；惯性器件及系统测试技术；火力控制技术。

导航、制导与控制下设7个研究方向，分别为：01 运动体的精密制导、导航与控制的理论与技术；02 空间探测及飞行器在轨技术研究；03 天地一体化信息交互与处理技术；04 智能控制及主动控制技术在飞机设计中的应用；05 机载（星载，弹载）计算机及嵌入式系统和嵌入式应用软件；06 虚拟现实技术在航天仿真的应用研究；07 水声对抗及水下航行器的制导与控制。

（5）检测技术与自动化装置（081105）

“检测技术与自动化装置”是研究被控对象的信息提取、转换、传递与处理的理论、方法和技术的一门学科。它的理论基础涉及现代物理、控制理论、电子学、计算机科学和计量科学等，主要研究领域包括新的检测理论和方法、新型传感器、自动化仪表和自动检测系统，以及它们的集成化、智能化和可靠性技术。

重点科目为：先进传感与检测技术；新型执行机构与自动化装置；智能仪表及控制器；测控系统集成与网络化；测控系统的故障诊断与容错技术。

检测技术研究如何将各种反映被测对象特征的参数按照一定的对应关系转换为易于传递的信号，并提供给自动控制系统；自动化装置涉及控制系统中的传感器、变送器、控制器、执行机构等，包括它们的集成化、智能化技术和可靠性技术。本学科培养从事各种检测技术与自动化装置的研究、开发、设计等方面工作的高级专门人才。

（6）系统工程（081106）

“系统工程”是为了解决日益复杂的社会实践问题而形成的从整体出发，合理组织、控制和管理各类系统的综合性的工程技术学科。系统工程以工业、农业、交通、军事、资源、环境、经济、社会等领域中的各种复杂系统为主要对象，以系统科学、控制科学、信息科学和应用数学为理论基础，以计算机技术为基本工具，以优化为主要目的，采用定量分析为主、定性定量相结合的综合集成方法，研究解决带有一般性的系统分析、设计、控制和管理问题。重点科目为：系统工程理论及应用；系统分析、设计与集成；系统预测、决策、仿真与性能评估；网络信息技术、火控与指挥系统技术；复杂系统信息处理、控制与应用技术。

（7）生物信息学（081107）

“生物信息学”（Bioinformatics）是在生命科学的研究中，以计算机为工具对生物信息进行存储、检索和分析的科学。它是当今生命科学和自然科学的重大前沿领域之一，同时也将是21世纪自然科学的核心领域之一。其研究重点主要体现在基因组学（Genomics）和蛋白质组学（Proteomics）两方面，具体说就是从核酸和蛋白质序列出发，分析序列中表达的结构功能的生物信息。

3. 光学工程（0803）

光学工程是一门历史悠久而又年轻的学科。光学老前辈王大珩院士曾在1999年精辟论述了“光学老又新，前程端似锦”，它的发展表征着人类文明的进程。它的理论基础——光学，作为物理学的主干学科经历了漫长而曲折的发展道路，衍生出几何光学、物理光学、量子光学及非线性光学，揭示了光的产生和传播的规律和与物质相互作用的现象与理论。

近些年来，在一些重要的领域，信息载体正在由电磁波段扩展到光波段，从而使现代光学产业的主体集中在光信息获取、传输、处理、记录、存储、显示和传感等的光电信息产业上。这些产业一般具有数字化、集成化和微结构化等技术特征。在传统的光学系统经不断地智能化和自动化，从而仍然能够发挥重要作用的同时，对集传感、处理和执行功能于一体的微光学系统的研究和开拓光子在信息科学中作用的研究，将成为今后光学工程学科的重要发展方向。

光学工程的主要研究方向有：

（1）平板显示技术与器件

平板显示是采用平板显示器件辅以逻辑电路来实现显示的。由于其电压低、重量轻、体积小、显示质量优异，无论在民用领域还是在军用领域都将获得广泛应用。平板显示技术与器件方向主要从事发光与信息显示前沿科学问题，既包括发光显示材料（有机材料、无机材料及其相关复合等材料），又包括诸多（场发射、等离子体、发光二极管、液晶及电致发光等）显示器件等方面的研究。

（2）全光信号处理及网络应用技术

全光信号处理及网络应用技术主要研究光通信网络、光纤传感及生物医学光子学领域的前沿课题——光分组交换全光网的网络技术及支撑光分组交换的全光信号处理技术，如光弹性分组环光纤通信网、全光缓存技术、光开关、光逻辑、光信头识别、分布式光纤传感系统、光纤性能在线检测、光纤技术在生物医学光子学中的应用等。

（3）光电检测技术

光电检测技术主要研究先进制造技术、轨道交通等工程领域内各种几何及物理量的光电检测机理、方法、技术与实现途径，并采用各种信息与信号处理方法与技术来获得各种评价参数，最终实现对重要零部件与设备关键参数及缺陷的实时检测与故障诊断，确保其运行安全。

（4）生物分子光探测技术

生物分子光探测技术采用先进光电子学技术，以朊病毒、HIV 等重要病毒为模型，开展病毒与细胞的相互作用机制、免疫保护机制研究；开展生物大分子的探测、分子相互作用识别等先进技术研究；发展快速检测技术，开展新型病毒载体、真核表达载体技术的研究；开发新型疫苗和药物。

（5）光电子材料与器件

太阳电池技术，主要研究先进的晶硅太阳电池工艺，以及单晶硅/非晶硅异质结（HIT）太阳电池技术、非晶硅薄膜太阳电池技术、有机薄膜太阳电池技术、染料敏化太阳电池技术、宽带吸收增强太阳电池技术等。

光电子材料与器件研究稀土发光、半导体发光、白光 LED 照明、无汞荧光灯、光学薄膜基本设计、光存储、光电探测等材料及光电器件，研究这些材料和器件的新技术和新工艺以及它们的应用。

光学在不断发展，它涵盖的波段所具有的特性和应用价值正在被开发，一些预想不到的性能与理论研究还有待于被发现，更广泛的应用价值有待于未来科技工作者去发现和开发。

9.3.2 考研准备

俗话说：成功总是留给有准备的人的。无论做什么事，要想成功，都必须做周密的计划和细致的准备。考研深造也必须尽早筹划，早做准备，才能实现自己的理想。

1. 尽早选择好要报考的专业和学校

选择好所要报考的专业非常重要，是自己发展方向的选择，是对未来的规划。选择好专业，再选择学校，根据学校的专业介绍和要求的考试科目进行准备。

2. 制订合理的学习规划

考研深造是个系统工程，需要尽早制订出学习规划，才能确保理想的实现。尽管刚刚步入高等院校，对高校的生活和学习还比较生疏，考研又是毕业前的事，为什么在学习导论阶段就提出制订学习规划呢？原因很简单，越早做准备，时间就越富余，准备得就越好。另外，从大一开始学习的基础课对考研准备非常重要，如果大一放松了，基础没有打好，将来再想补上，就要付出成倍的努力。

工科硕士研究生考试初试的科目基本为数学、外语（英语）、政治和专业基础课（由校方招生宣传确定）。通过初试的考生才有资格参加有关专业综合科目的复试。

（1）数学

数学考试内容包括高等数学、线性代数、概率论与数理统计，是大一至大二的主要课程。

（2）外语（英语）

外语（英语）内容包括阅读理解、写作与外语知识应用，也是从大一开始学习。

（3）政治

政治内容包括马克思主义哲学原理、毛泽东思想概论，邓小平理论和“三个代表”重要思想等，也是大一开始学习的内容。

（4）测控技术与仪器专业的专业基础课

测控技术与仪器专业的专业基础课一般包括电路、电子技术、工程光学和自动控制原理等内容，最好到准备报考学校的网站上核实，有目的地准备。

3. 掌握正确的学习方法

工科方向学科的理论课系统性很强，循序渐进，一环扣一环，理解、分析与记忆相结合是很好的学习方法，课上要认真听老师的讲述，听出内在关系，课后总结一节课的知识点，如果能够提出一些疑问就说明自己已经基本掌握了。

（1）理论课

基础理论课是专业课的基础，它由基本概念、基本定理、定律、计算公式、定律的推导方法等组成。

理论课要注重理论体系，是需要定量描述与抽象思维的系列课程，例如，数学、物理与控制理论等。学好基础理论课的关键有4点。

1）重视课堂教学环节。

老师讲课是门艺术，学生听课也很有学问。老师要经过周密细致的准备才能上好课，将知识点交代清楚，让学生尽量能够在课上接受。作为学生，课上要听老师是如何提出概念问题，讲解概念、定理、定律的意义，论证的方法，推导的思路，适当地做笔记会帮助课后复习、理解。

2）加深理解基本概念、定理与定律。

基本概念、定理与定律是理论的基础和“框架”，学好基本概念掌握基本定理与定律需要多看参考书，加深理解。因为每本参考书的作者在编写过程中都要对基本概念进行深入的研究，从不同的角度阐述基本概念，验证的方式也各有千秋，能够帮助我们加深理解和记忆，对概念的认识更加深刻。

通过多读参考书也对基本定理与定律的掌握有更多的益处，定理、定律的验证或证明方法是很重要的，可以帮助学生理解定理、定律的意义和应用。工科学生要特别注重定理、定律的应用问题。

3）做习题。

做习题要有明确目的，做习题能提高学生对基本概念、定理与定律理解和应用能力。每做一道习题（包括看例题）都要研究、讨论本题用了哪个基本概念，是用哪条定理或定律解决的，尤其是例题，目的性非常强，这样做习题，量不要求多，但收效特别大。当然不排除多做习题，因为每道习题都为你提供了不同的思考点，尤其是难题，需要用更多的概念和定理、定律才能解决。同学之间相互讨论是更好的学习方法，能够对问题研究得更深入，对理论的理解更充分。

4）学会总结归纳，系统掌握理论的整体性。

随着学习的深入，基本概念、定理和定律越来越多，这时需要进行梳理、归纳与总结，将各个知识点的相互关系找到，穿成串，便于消化、理解、记忆和掌握。每门课程都分章节，都有要点、难点和重点，要注意总结，把它找到、抓住要系统掌握理论的整体性。

（2）实验课

通过实验课可以检验定理、定律等理论的正确性和理论的应用范围与价值。实验课基本由如下步骤构成：

1）实验目的。

通过做该项实验达到的目的。例如，验证某个定理、定律或某个规律的正确性，某种测量方法的可行性等。

2）实验所需的仪器与器材。

用哪些实验仪器与器材能够完成预定的实验目的。

3）实验内容。

实验所要验证的定理、定律或某种规律的实验原理。

4）实验步骤。

完成实验的程序与操作过程，是工科学生培养动手能力最为重要的内容。要重视实验过程，重视分析实验步骤、实验方法、调整过程对结果数据的影响，提高分析能力。

5）实验结果与数据处理。

实验过程中观测到的结果与数据处理必须严格遵守实事求是的原则，根据实验数据处理结果得出结论。

6）实验报告。

将实验数据列表或绘出相应的曲线，进行分析，得出实验结论。通过实验的调试过程对实验结果的影响，解释实验结果变化的原因是能力提高的关键。

（3）外语课

外语是学习国外先进技术的重要工具，也是对外交流的工具。工程技术人员应该向科技比较发达的国家学习先进技术，因此要掌握外语阅读能力，尤其是科技外语的阅读能力。因此，研究生考试要考外语阅读能力。提高外语阅读能力的方式是多看与多写。

为了对外交流，研究生入学考试还要加试外语口语。外语听、说能力的提高要坚持多听，多听、多看外语原版的录音、录像，有条件可以听外语广播，看外文电视、电影，学习外国人的发音、语感与语调；尽量多接触外籍人员，和他们交流，提高自己的外语能力。

成功总是在艰苦奋斗之后，多少运动项目的冠军得主都有辛酸的奋斗历程，希望每位测控技术与仪器专业的学子都能够树立远大的理想，奋发努力，实现继续学习深造的愿望。

思考题

1. 测控技术与仪器专业的哪些就业方向比较适合你的发展？有无创业的想法？如果想创业，需要做好哪些准备？

2. 学习完导论后，你将怎样学习基础理论课？为什么说大一阶段的理论课是大学学习的重中之重？

3. 你能够理解国家与各省设置“大学生创新创业训练计划项目”的意义吗？怎样对待“大学生创新训练计划项目”？

4. 你有没有做出大学阶段的学习规划？如何充分利用大学4年的学习时间树立个人的专业发展计划或人生发展规划？

5. 你怎样看“储备”一词？试举例说明你所了解的储备干部的意义。

6. 为什么说创业是科技发展的需要？你能够从网上搜索出几例大学生成功创业的实例吗？

7. 怎样理解“成功总是留给有准备的人的”？为什么考研要从大一开始准备？测控技术与仪器专业的科研方向有哪些？

8. 为什么大学阶段的外语学习特别重要？外语是对外交流的窗口，如何理解？怎样提高自己的外语水平？试将你学习外语的经验总结出来。

参考文献

［1］ 张有光，王梦醒，赵恒．电子信息类专业导论［M］．北京：电子工业出版社，2013.
［2］ 潘仲明，乔纯捷．仪器科学与技术学科内涵及体系结构［J］．电子测量与仪器学报，2008，22.
［3］ 毛翠丽，周先辉．测控技术综合实训模式的探索与实践［J］．科技创新导报，2013（8）.
［4］ 陈应舒．测控专业人才培养模式与教改的研究及实践［J］．装备制造技术，2011（1）.
［5］ 中华人民共和国教育部高等教育司．普通高等学校本科专业目录和专业介绍［M］．北京：高等教育出版社，2012.
［6］ 陈毅静．测控技术与仪器专业导论［M］．北京：北京大学出版社，2010.
［7］ 林玉池，毕玉玲，马凤鸣．测控技术与仪器实践能力训练教程［M］．2 版．北京：机械工业出版社，2012.
［8］ 浦昭邦，王宝光．测控仪器设计［M］．2 版．北京：机械工业出版社，2012.
［9］ 刘传玺，毕训银，袁照平．传感与检测技术［M］．北京：机械工业出版社，2012.
［10］ 孙长库，何明霞，王鹏．激光测量技术［M］．天津：天津大学出版社，2008.
［11］ 王祁．智能仪器设计基础［M］．北京：机械工业出版社，2012.
［12］ 吕天玉．公差与技术配合［M］．大连：大连理工大学出版社，2004.
［13］ 何希才．传感器及其应用电路［M］．北京：电子工业出版社，2001.
［14］ 刘笃仁，韩宝君，等．传感器原理及应用技术［M］．2 版．西安：西安电子科技大学出版社，2009.
［15］ 程德福，林君．智能仪器［M］．2 版．北京：机械工业出版社，2012.
［16］ 郗继贵，于之靖．视觉测量原理与方法［M］．北京：机械工业出版社，2012.
［17］ 张弘．数字图像处理与分析［M］．北京：机械工业出版社，2013.
［18］ 王庆有．光电传感器应用技术［M］．2 版．北京：机械工业出版社，2014.
［19］ 程成．电磁场与电磁波［M］．北京：机械工业出版社，2012.
［20］ 赵群，张翔，谢素珍，等．自动化仪表与控制系统的现状与发展趋势综述［J］．现代制造技术与装备，2008（4）：12-16.
［21］ 潘仲明，乔纯捷．仪器科学与技术学科内涵及体系结构［J］．电子测量与仪器学报，2008，22.
［22］ 温秀兰．测控专业人才培养模式与改革的研究及实践［J］．装备制造技术，2011（1）.
［23］ 韩晓娟，常太华．基于卓越工程师培养的“误差理论与数据处理”课程建设［J］．中国电力教育，2011（26）.
［24］ 刘淑聪，宋燕星，程丽娜．《测控电路》课程教学改革研究与探索［J］．科技创新导报，2013（28）.
［25］ 陈应舒．测控专业人才培养模式与教改的研究及实践［J］．装备制造技术，2011（1）.
［26］ 王庆有．图像传感器应用技术［M］．2 版．北京：电子工业出版社，2013.
［27］ 杨宗华．责任胜于能力［M］．北京：石油工业出版社，2011.
［28］ 夏路易．单片机原理及应用［M］．北京：电子工业出版社，2010.
［29］ 李运胜．对现阶段我国工业自动化仪器仪表行业的展望［J］．中国高新技术企业，2008（2）：85-86.
［30］ 李金莲，黄利银．浅谈传感器技术在自动控制系统中的应用［J］．机电技术，2007（3）：94-96.
［31］ 松井邦彦．传感器应用技巧 141 例［M］．梁瑞林，译．北京：科学出版社，2006.
［32］ 王志萍，刘志富，王炜．传感器技术在自动化控制系统中的应用［J］．科技信息，2009（17）：63.
［33］ 张国忠．智能控制系统及应用［M］．北京：中国电力出版社，2007.
［34］ 高金源，夏洁．计算机控制系统［M］．北京：清华大学出版社，2007.

[35] 廖晓钟，刘向东．自动控制系统［M］．2版．北京：北京理工大学出版社，2011.
[36] 俞宽新，江铁良，赵启大．激光原理与激光技术［M］．北京：北京工业大学出版社，1998.
[37] 范安辅，徐天华．激光技术物理［M］．成都：四川大学出版社，1992.
[38] 梁铨庭．物理光学［M］．3版．北京：电子工业出版社，2011.
[39] 杨国光．近代光学测量技术［M］．杭州：浙江大学出版社，2001.
[40] 金国藩，李景镇．激光测量学［M］．北京：科学出版社，1998.
[41] 王因明．光学计量仪器设计［M］．北京：机械工业出版社，1982.
[42] 花国梁．精密测量技术［M］．北京：清华大学出版社，1986.
[43] 郁道银，谈恒英．工程光学［M］．北京：机械工业出版社，2012.
[44] 关信安，袁树忠，刘玉照．双频激光干涉仪［M］．北京：中国计量出版社，1987.
[45] 王大有．天人合一养生（修订本）［M］．北京：中国时代经济出版社，2005.
[46] 王大珩．光学老又新　前程端似锦［J］．兵器知识，1999（10，11）．